NATURFÜHRER

GESTEINE UND MINERALE

NATURFÜHRER

GESTEINE
UND MINERALE

MONICA PRICE
KEVIN WALSH

DORLING KINDERSLEY

DORLING KINDERSLEY
London, New York, Melbourne,
München und Delhi

DK LONDON
Bildredaktion Ina Stradins
Lektorat Angeles Gavira
Redaktion Georgina Garner, Bella Pringle
DTP-Design John Goldsmid
Herstellung Melanie Dowland
Chefbildlektorat Phil Ormerod
Cheflektorat Liz Wheeler
Art Director Bryn Walls
Programmleitung Jonathan Metcalf

Coverabbildung
vorn J. C. Revy, Science Photo Library

DK DELHI
Design Romi Chakraborty,
Malavika Talukdar
DTP-Design Balwant Singh,
Sunil Sharma, Pankaj Sharma
Redaktion Glenda Fernandes, Rohan Sinha
Chefbildlektorat Aparna Sharma

Für die deutsche Ausgabe:
Programmleitung Monika Schlitzer
Projektbetreuung Regina Franke
Herstellungsleitung Dorothee Whittaker
Herstellung Beate Fellner

Bibliografische Information der Deutschen Bibliothek
Die Deutsche Bibliothek verzeichnet diese Publikation in der Deutschen Nationalbibliografie;
detaillierte bibliografische Daten sind im Internet über http://dnb.ddb.de abrufbar

Titel der englischen Originalausgabe:
Pocket Nature: Rocks and Minerals

Übersetzung Gerd Hintermaier-Erhard
Redaktion Ellen Astor

ISBN 978-3-8310-0842-1

Printed and bound in China
by Sheck Wah Tong

Besuchen Sie uns im Internet
www.dk.com

INHALT

Aufbau des Buches

Dieser Gesteins- und Mineralienführer beschreibt 320 der wichtigsten Gesteins- und Mineralarten. Eine kurze Einführung erleichtert die Bestimmung der verschiedenen Gesteine und Minerale. Danach werden die Gesteine mit den drei Hauptgruppen, die Sedimentgesteine, die magmatischen und die metamorphen Gesteine, vorgestellt sowie die Minerale mit den beiden Hauptgruppen Erzminerale und gesteinsbildende Minerale. Erläuternde Einführungen dienen ihrer Definition und Einordnung.

KAPITELÜBERSCHRIFT
(bezeichnet die Gesteins- bzw. Mineralgruppe)

GESTEINS- ODER MINERALNAME
(ggf. Synonym)

CHEMISCHE SUMMENFORMEL
(nur bei Mineralen)

▽ EINFÜHRUNG GESTEINS-/ MINERALGRUPPE

Jede Gruppe beginnt mit einer einführenden Seite, die die wesentlichen Merkmale dieser Gruppe und ihrer Untergruppen beschreibt.

FUNDORTE UND VERGESELLSCHAFTUNGEN
Zeigt bedeutende Gesteins- oder Mineralfundorte bzw. Gesteine oder Minerale in ihrer natürlichen geologischen Umgebung.

BILDUNTERSCHRIFT
Beschreibt typische Vorkommen oder Vergesellschaftungen, in denen die Gesteine oder Minerale auftreten.

FOTOS
Das Hauptfoto präsentiert typische Beispiele des Gesteins oder Minerals. Zusätzliche Fotos zeigen wichtige Varietäten.

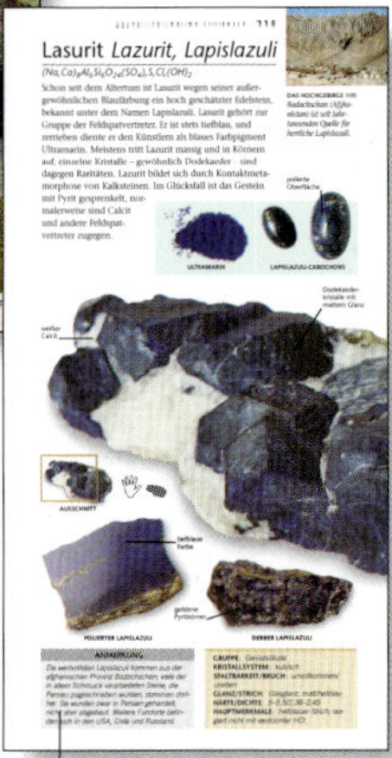

BILDER
Fotos von typischen Proben zeigen die Vielfalt innerhalb der Gruppe.

▷ GANZSEITIGE EINTRÄGE

Gesteins- oder Mineralarten, die in ihren Merkmalen stark variieren oder sehr komplex gebaut sind bzw. von speziellem Interesse sind.

ANMERKUNGEN
Hinweise auf besondere Merkmale, historische Begebenheiten oder auf interessantes Hintergrundwissen.

▽ ▷ GESTEINS- BZW. MINERAL-BESCHREIBUNGEN

Meistens sind auf einer Seite zwei Gesteins- oder Mineralarten beschrieben. Jeder Beitrag zeigt ein Hauptfoto und ein oder mehrere kleinere Fotos. Dazu kommen Informationskästen und weitere Anmerkungen.

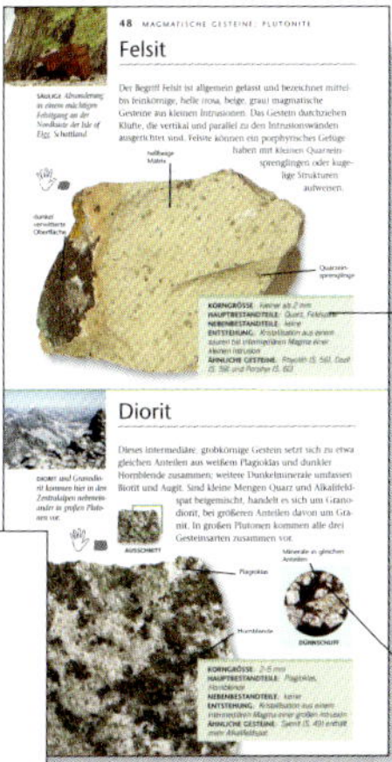

WEITERE MERKMALS-BESCHREIBUNGEN – GESTEINE

Diese Kästen geben Auskunft über folgende Eigenschaften:
KORNGRÖSSE: *typischer Korngrößenbereich.*
HAUPTBESTANDTEILE: *Listet alle Hauptminerale auf, die wesentlich zum Bestand des Gesteins gehören.*
NEBENBESTANDTEILE: *Listet alle Nebenminerale auf, die nicht zum wesentlichen Bestand des Gesteins zählen.*
ENTSTEHUNG: *Beschreibt den Prozess, der zur Entstehung des Gesteins führte.*
ÄHNLICHE GESTEINE: *Führt Gesteine auf, die ähnlicher Natur wie das beschriebene sind, und weist auf Merkmale hin, die sich von jenen unterscheiden.*

DÜNNSCHLIFFBILDER

Der vergrößerte Ausschnitt eines Gesteinsdünnschliffs unter dem Mikroskop zeigt die das Gestein bildenden Minerale.

BILDENDE MINERALE

th

$Fe)_{18}(Si,Al)_8O_{48}H_{2-4}$

aun, gelbbraun oder fast schwarz. In der
er in Prismen, die eine hexagonale oder
chnittsform aufweisen und oft oberflä-
chkreuzungszwillinge sind häufig. Vorkommen in mittelgradigen Schiefern und Gneisen, die aus der Regionalmetamorphose toniger Gesteine hervorgingen.

GRUPPE: *Inselsilikate*
KRISTALLSYSTEM: *monoklin*
SPALTBARKEIT/BRUCH: *deutlich/schwach muschelig*
GLANZ/STRICH: *Glasglanz, matt/hellgrau*
HÄRTE/DICHTE: *7–7,5/3,74–3,83*
HAUPTMERKMALE: *Durchkreuzungs-zwillinge*

Disthen

ich blau, weiß und grün; diese Farben
nen am Einzelkristall in Mischung oder
änglichen, flachen, klingenförmigen
bogen. Die Härte ist quer zum Kristall
richtung. Cyanit bildet sich in einem
zwischen dem von Andalusit und Silli-
morphen Äquivalenten. Vorkommen in
Gneisen, Quarzgängen und Pegmatiten.

GRUPPE: *Inselsilikate*
KRISTALLSYSTEM: *triklin*
SPALTBARKEIT/BRUCH: *längs vollkommen, quer dazu deutlich/splitterig*
GLANZ/STRICH: *Glas-, Perlmuttglanz/farblos*
HÄRTE/DICHTE: *5,5 längs, 7 quer zum Kristall/3,53–3,65*
HAUPTMERKMALE: *klingenförmig, blaue Farbe*

BESCHREIBUNG

Erklärt alle Haupt- und Unterscheidungsmerkmale des Gesteins oder des Minerals.

DETAILBILDER

Zeigen besondere Aspekte des Gesteins oder Minerals wie Edelsteinbearbeitung, unterschiedliche Ausprägungen oder Farbvarianten.

KURZBEMERKUNG

Erläutert in knappen Worten typische Merkmale des Gesteins oder Minerals.

FARBSTRICHE

Jedes der fünf Kapitel ist durch unterschiedlich gefärbte Trennstriche gekennzeichnet.

GRÖSSENVERGLEICH

Zwei kleine nebeneinander stehende Maßstabszeichnungen geben einen Eindruck von den Größenverhältnissen des vorgestellten Handstücks oder Kristalls. Die Hand ist die eines Erwachsenen von etwa 18 cm Spannweite.

WEITERE MERKMALSBESCHREIBUNGEN – MINERALE

Diese Kästen geben Auskunft über folgende Eigenschaften:
GRUPPE: *Weist das Mineral derjenigen Mineralklasse zu, zu der es gehört; bei Silikaten ist auch die Silikatgruppe angegeben.*
KRISTALLSYSTEM: *Gibt das zugehörige Kristallsystem an.*
SPALTBARKEIT: *Gibt an, wie gut sich ein Mineral an Flächen spalten lässt – von unvollkommen bis vollkommen.*
BRUCH: *Beschreibt die Art der Oberfläche, die bei einem Bruch des Handstücks entsteht.*
GLANZ: *Art und Weise, wie das Mineral das Licht reflektiert; von matt über diamanten bis metallisch.*
STRICH: *charakteristische Farbe des Minerals in Pulverform.*
HÄRTE: *Härte des Minerals in Relation zur standardisierten Härte von Vergleichsmineralen.*
DICHTE: *physikalische Größe aus Gewicht pro Volumeneinheit (Gramm pro cm³).*
HAUPTMERKMALE: *wichtige Charakteristika zur Unterscheidung von ähnlichen Mineralen.*

Was sind Minerale?

Minerale sind natürlich vorkommende, anorganische Substanzen, die aus Atomen eines einzigen chemischen Elements oder aus Atomen verschiedener Elemente bestehen können. Es gibt nachweislich über 4000 unterschiedliche Minerale, die sich einerseits durch ihre chemische Zusammensetzung, andererseits durch ihre Kristallstruktur voneinander unterscheiden. Fast alle Minerale sind kristalliner Natur: Ihre Atome sind nach einem strengen geometrischen Muster organisiert.

ZUSAMMENSETZUNG
Mikroklin besteht aus Kalium-, Aluminium-, Silicium- und Sauerstoffatomen im Verhältnis 1:1:3:8, was die Summenformel $KAlSi_3O_8$ ergibt. Er gehört zur Gruppe der Silikatminerale und dort zur Familie der Feldspate.

MIKROKLIN

Gesteinsbildende Minerale und Erzminerale

Minerale bauen die Gesteine der Erde auf. Man findet sie überall, wo Gesteine an der Erdoberfläche anstehen, in natürlichen oder künstlich geschaffenen Aufschlüssen. Manche Minerale enthalten reichlich Metalle, weswegen die Erze, in denen sie vorkommen, ausgebeutet werden.

GESTEINSBILDENDE MINERALE
Die meisten Minerale, die den Großteil der Gesteine und Gesteinsgänge aufbauen, sind allerdings weder metallhaltig noch besonders schwer oder irgendwie sonst auffällig. Es gibt jedoch Ausnahmen: Besonders schön gefärbte, seltene und beständige Exemplare von hohem Wert nennen wir Edelsteine.

ERZMINERALE
Erze und ihre Sekundärminerale treten in Gängen auf, in denen sie lagenförmig angeordnet sind, was mit der Art der Ablagerung zusammenhängt. Viele Erzminerale glänzen metallisch und sind oft sehr schwer. Sekundärminerale bilden sich, wenn primäre Erzminerale verwittern. Sie sind häufig prächtig gefärbt und können manchmal selbst von wirtschaftlichem Wert sein.

GESTEINSBILDUNGEN

GESTEINE UND HÖHLEN
Calcit ist das Hauptmineral von Kalkstein und Marmor; in Kalkhöhlen bildet er Stalagmiten und Stalaktiten.

MINERALGÄNGE

BLEIERZ
Bleiglanz, das wichtigste Bleierz, liegt in diesem Gang als graues Erzband vor.

Was sind Gesteine?

Gesteine sind natürlich vorkommende Feststoffe, die entweder aus Mineralen, anderen Gesteinsbruchstücken oder Fossilien wie Schalen- oder Pflanzenresten bestehen. Gesteine sind das Ergebnis geologischer Prozesse, die sich auf oder unter der Erdoberfläche vollziehen, oder, im Fall von Meteoriten, auch außerhalb der Erde vonstatten gehen. Man fasst verschiedene Gesteinsarten zu Gruppen zusammen. Dabei spielen ähnliches Aussehen, ähnliche Zusammensetzung oder ähnliche Entstehung eine Rolle.

GRANIT

ZUSAMMENSETZUNG
Granit besteht meist aus drei Mineralarten: aus weißem oder gelblichem Feldspat, klarem oder grauem Quarz und schwarzem Glimmer (Biotit).

BIOTIT

FELDSPAT

QUARZ

Der Kreislauf der Gesteine

Umwälzende Prozesse der Erdkruste versetzen die Gesteine in ein ständiges Kommen und Gehen. Auf der Erdoberfläche zerstören Verwitterung und Abtragung die anstehenden Gesteine unter Bildung neuer Sedimentgesteine wie z. B. Sandsteine. Diese Sedimentpakete versinken in tief liegende Bereiche der Kruste; Hitze und Druck nehmen zu und verursachen Bruchbildungen und Deformationen bis hin zur Aufschmelzung. Sandstein kann sich z. B. zu Gneis umwandeln, der seinerseits zu Granit aufgeschmolzen wird. Mit dessen Hebung bis an die Erdoberfläche beginnt mit der Abtragung der Kreislauf aufs Neue.

Gesteinsbestimmung

Zur Bestimmung von Gesteinsarten kann auf eine Vielzahl von Merkmalen zurückgegriffen werden, z.B. Größe und Form der Körner, Farbe, Identifizierung der Haupt- und Nebenminerale u.a. Auch die Art der Gesteinsentstehung erzeugt charakteristische Strukturen und Texturen, wie etwa vulkanisches Glas mit seinen Fließtexturen.

Gesteinsarten

Nachfolgend werden die drei Hauptgruppen – Sedimentgesteine, magmatische Gesteine und metamorphe Gesteine – vorgestellt. Weniger bekannte Formen werden ebenfalls gezeigt: Deformationsgesteine, die durch Krustenbewegungen entstehen, Meteoriten sowie Impaktgesteine, die beim Einschlag von Meteoriten entstehen.

SEDIMENTGESTEINE

Sedimentgesteine bilden sich durch Verfestigung von zunächst locker abgelagerten Sedimenten. Ein Sedimenttyp besteht aus Körnern, die durch Wind oder Wasser abgesetzt werden, ein anderer aus biologischem Material, das Kalksteine bildet.

KREIDE · TRAVERTIN · SANDSTEIN · PLATTENSANDSTEIN · SCHRÄG GESCHICHTETER SANDSTEIN · TURBIDIT

MAGMATISCHE GESTEINE

Magmatische Intrusivgesteine bilden sich, wenn heißes geschmolzenes Magma innerhalb der Erdkruste erstarrt; sie bestehen aus ungeordneten oder lagig angeordneten Kristallen. Vulkanische Extrusivgesteine entstehen durch erstarrende Lava an der Erdoberfläche; sie enthalten Glas, Gasblasen oder zeigen ein Fließgefüge.

GABBRO · OBSIDIAN · PEGMATIT · KUMULATGESTEIN · VESIKULARBASALT · BASALT

METAMORPHE GESTEINE

Diese Umwandlungsgesteine entstehen tief in der Erdkruste unter hohen Temperaturen und Drücken. Sie zeigen häufig Deformationsgefüge wie Schieferung oder Faltung. Spezielle Minerale wie z.B. Granat sind charakteristisch.

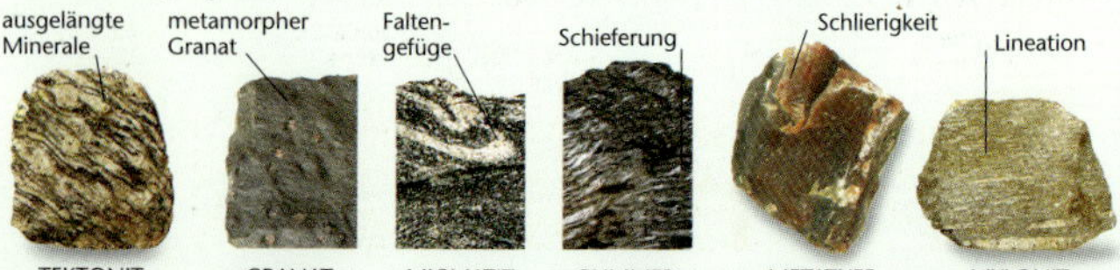

TEKTONIT · GRANATSCHIEFER · MIGMATIT · GLIMMERSCHIEFER · METATUFF · MYLONIT

Mineralgehalt

Einige Minerale sind auf wenige Gesteine beschränkt, weshalb eine Mineralbestimmung die Identifizierung erleichtert. So tritt beispielsweise Granat ausschließlich in metamorphen Gesteinen auf.

TRAVERTIN (SED.)

PEGMATIT (MAG.)

EKLOGIT (MET.)

Korngröße

In Sedimentgesteinen hängt die Korngröße von der Transportweite der Körner ab; bei magmatischen Gesteinen gilt, wie viel Zeit zur Erstarrung der Kristalle vorhanden war; und bei metamorphen Gesteinen, aus welchen Ursprungsgesteinen sie abstammen. Je nach Gesteinsgruppe variieren die Korngrößen grob, mittel und fein.

GROB — MITTEL — FEIN

SEDIMENTGESTEINE

KONGLOMERAT

EISENSANDSTEIN

TON(STEIN)

MAGMATISCHE GESTEINE

GRANIT

MIKROGRANIT

RHYOLITH

METAMORPHE GESTEINE

PARAGNEIS

QUARZIT

TONSCHIEFER

Kornform

Die Form einzelner Körner verrät sich unter einer starken Lupe. Geachtet wird auf den Grad der Rundung, ob sich die Körner alle der Form nach ähneln und wie ausgeprägt die Kristalle entwickelt sind. Gut entwickelte Kristalle zeigen schöne, intakte Flächen und scharfe Kanten.

KONGLOMERAT

BRECCIE

GRANIT

AUGENGNEIS

TEKTIT

Struktur

Die Struktur bezeichnet die Art, wie die Körner oder Kristalle zueinander in Bezug stehen. Sind keine Körner erkennbar, sondern liegt eine diffuse Masse aus Mineralen oder Glas vor, ist das Gestein massig. Meist sind die Körner miteinander verzahnt, dann heißt diese Struktur körnig.

GIPSGESTEIN

PORPHYR

PISOLITH

FEUERSTEIN (FLINT)

GRANODIORIT

Textur

Unter der Textur versteht man Merkmale, die durch geologische Prozesse erzeugt wurden. Einige Texturen, wie sedimentäre und magmatische Schichtung oder Schieferung in Gneisen, werden während der Bildung des Gesteins mit angelegt, andere, wie Faltung und Scherung, entstehen später. Texturen reichen häufig über viele Größenordnungen hinweg: Faltungen können mikroskopisch klein sein, aber auch über mehrere hundert Meter Durchmesser haben. Geologen nutzen diese Informationen zur Rekonstruktion erdgeschichtlicher Abläufe.

GEFALTETER MYLONIT

TEKTONIT

GNEIS

KUMULATGESTEIN

SANDSTEIN

Farbe

Auch die Farbe dient zur Bestimmung von Gesteinsarten, z.B. bei der Unterscheidung verschiedener Gesteinsvarietäten. Häufig verrät sie auch etwas über die Zusammensetzung eines Gesteins. Vielfach wird die Farbe von Verwitterungsprozessen beeinflusst, weshalb stets frische Oberflächen betrachtet werden sollten.

WÜSTENSANDSTEIN

GRÜNSANDSTEIN

ORTHOQUARZIT

GRAUWACKE

VARIETÄTEN
Jede Sandsteinfarbe geht auf die Farbe seiner Mineralkörner zurück, die vom ursprünglichen Sediment und der geologischen Vergangenheit abhängt.

GRANIT

DIORIT

GABBRO

PYROXENIT

MAGMATISCHE GESTEINE
Im Allgemeinen gilt: Je höher der SiO_2-Gehalt dieser Gesteine ist, umso heller erscheinen sie.

Geologische Umgebungsbedingungen

Selten treten Gesteinsarten isoliert voneinander auf. Vielmehr stehen in einem geologisch definierten Gebiet mehrere unterschiedliche, aber miteinander verwandte Gesteinsarten an. So treten in den Vulkangebieten Hawaiis nebeneinander Basalt, Lavaschlacke, Spilit (Diabas) und vulkanische Bomben auf. Die Kenntnis dieser Zusammenhänge hilft, benachbarte Gesteinsarten zu identifizieren sowie ihre ehemaligen Umgebungsbedingungen abzuschätzen.

VULKANE
Schlacke

FLÜSSE
Konglomerat

SEEN
Siltstein

HÖHLEN
Travertin

WÜSTEN
Löss

MEERE
Grünsand

Fundstellen für Gesteine

Gesteine finden sich überall. Die besten Funde sind aber dort möglich, wo die Verwitterung keinen Einfluss hatte, d.h. an Orten mit frischen Aufschlüssen wie Straßenanschnitten, Kiesgruben oder Steinbrüchen. Gute Aufschlüsse gibt es auch überall dort, wo Erosion vorherrscht wie z.B. an Steilküsten, Stränden, Flusssteilufern, Felswänden und in Vulkangebieten. Viele Hartgesteine werden als Natursteine für Bauzwecke verwendet, z.B. für Brücken oder als dekorative Innen- und Außenwände. Geologische Karten bilden die Verbreitung von Gesteinsarten ab und dienen zum Auffinden.

GEBÄUDE
Kalkoolith

GEBIRGE
Dolomit

VULKANGEBIETE
Tuff

STRÄNDE
Bernstein

STRASSENANSCHNITTE
vulkanische Bombe

MINEN
Kimberlit

STEINBRÜCHE
Schiefer

Mineralbestimmung

Der Umstand, dass ein Mineral in einer Vielzahl von Kristallformen und Farben auftreten kann, mag verblüffend sein. Gleichwohl ist es möglich, jedes Mineral anhand verschiedener Merkmale sicher zu bestimmen. Einige Eigenschaften wie die Farbe sind mit bloßem Auge zu erkennen; andere wie die Härte erfordern eine kleine Auswahl an Hilfswerkzeugen.

Zusammensetzung

Minerale kann man in verschiedene Mineralklassen einteilen: Dazu verwendet man, wie hier gezeigt, ihre negativ geladenen Molekülanteile, z.B. das Carbonatmolekül CO_3^{2-}. Viele Eigenschaften wie Farbe, Strich oder Magnetismus beruhen auf diesen chemischen Bausteinen. (Chemische Elemente und ihre Symbole siehe S. 19.)

ELEMENTE
Gediegene Elemente kommen als reines Element vor, hier Silber (Ag).

SULFIDE UND SULFOSALZE
Viele Sulfide (-S) und Sulfosalze (-AsS oder -SbS) sind Erze.

OXIDE UND HYDROXIDE
Oxide (-O) und Hydroxide (-OH) variieren stark; sie sind z.T. metallisch.

HALOGENIDE
Dazu gehören Fluoride (-F) und Chloride (-Cl); häufig kubische Symmetrie.

CARBONATE
Die Carbonate (-CO_3) umfassen gesteinsbildende Minerale wie Calcit und Dolomit.

BORATE
Borate sind meist weiß oder grau; ihre komplexe Struktur verbindet -BO_3-Einheiten.

SULFATE
Viele Sulfate (-SO_4) sind sekundär; manche wie Gips und Baryt bauen Gesteine und Gänge auf.

CHROMATE, MOLYBDATE UND WOLFRAMATE
Diese Minerale (-CrO_4, -MoO_4, -WO_4) liefern wertvolle Erze.

PHOSPHATE, ARSENATE UND VANADATE
-PO_4-, -AsO_4- und -VO_4-Minerale sind häufig sehr farbenfroh.

SILIKATE
SiO_4-Einheiten bilden verschiedene Netzwerkstrukturen. Die meisten gesteinsbildenden Minerale zählen dazu.

Mineralgruppen

Minerale, die sich chemisch oder kristallographisch ähnlich sind, werden mitunter zu Gruppen zusammengefasst. Sie teilen sich einerseits gemeinsame Merkmale, andererseits unterscheiden sie sich voneinander. Viele Silikate gehören solchen Gruppen an, z.B. die Feldspate, Granate, Amphibole und Pyroxene.

GROSSULAR

ALMANDIN

SPESSARTIN

GRANATGRUPPE
Grossular, Almandin und Spessartin gehören zu dieser Gruppe. Der Gruppenname dient als Behelf, wenn man nicht weiß, welches Gruppenmitglied vorliegt.

Kristallformen

Kristallformen sind aus geometrischen Körpern aufgebaut. Manche bestehen aus Einzelkörpern (z.B. Oktaeder), andere vereinigen mehrere Körper in sich wie der Quarz (ganz rechts), der aus einem Prisma und zwei Pyramiden besteht.

OKTAEDER

RHOMBOEDER

DODEKAEDER

KOMPLEXE FORM

Zwillingskristalle

Zwillinge bilden sich, wenn verschiedene Teile eines Kristalls spiegelbildlich an einer Kristallfläche, einer Kante oder inneren Ebene zueinander verwachsen. Einfache Zwillinge sind zweiteilig, multiple drei- bis vielteilig. Manche Zwillingsbildungen verleihen einem Mineral eine andere Gestalt: Der Aragonit erscheint hexagonal.

CALCIT

STAUROLITH

ARAGONIT

Kristallsysteme

Die Kristallform eines Minerals verrät, zu welchem Kristallsystem es gehört. Gestreckte Kristalle mit quadratischem Querschnitt (z.B. Vesuvian links unten) finden sich z.B. unter den Mineralen des tetragonalen Systems. Es gibt sieben Kristallsysteme mit Elementen der ihnen eigenen Symmetrie. Jede Mineralform trägt diese Symmetrie-Elemente des ihm zugeordneten Systems in sich.

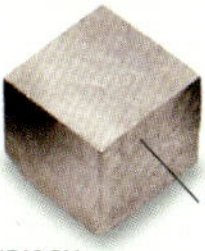

KUBISCH
Kristalle sind gewöhnlich oktaedrisch, tetraedrisch, dodekaedrisch, kubisch oder Mischformen daraus.

TETRAGONAL
Kristalle im Querschnitt meist quadratisch, achteckig, tafelig, prismatisch oder bipyramidal.

ORTHORHOMBISCH
Flacher als tetragonale Kristalle; oft tafelig oder prismatisch mit keilförmigem Ende.

MONOKLIN
Kristalle tafelig oder prismatisch; im Querschnitt rhombisch.

TRIKLIN
Die unsymmetrischste aller Klassen; Kristalle tafelig oder ohne erkennbare Symmetrie.

TRIGONAL
Weniger symmetrisch als hexagonal; rhomboedrisch oder skalenoedrisch.

HEXAGONAL
Im Querschnitt sechseckig; meist prismatisch, pyramidal oder Mischformen daraus.

Habitus

Der Habitus von Mineralen beschreibt die allgemeine Erscheinung der Kristalle oder Kristallgemenge. Ein Mineral kann mehr als einen Habitus haben. Aktinolith kann z.B. blättrig, nadelig, faserig oder derb auftreten, je nach dem, welche Bedingungen ihn wachsen ließen. Ein derber Habitus zeigt nicht die Größe, sondern die Abwesenheit jeglicher Kristallform an.

FASERIG UND STRAHLENFÖRMIG

PLATTIG

TAFELIG

KLINGENFÖRMIG

GLEICHMÄSSIG KÖRNIG

LAMELLIG

GESCHIEFERT

SÄULIG

NADELIG

KÖRNIG

KUGELIG

NIERIG

TRAUBIG

PRISMATISCH

DENDRITISCH

ERDIG

DERB

Spaltbarkeit und Bruch

Spaltbarkeit bezieht sich auf vorhandene Spaltflächen, entlang derer ein Mineral aufspaltet; sie reicht von vollkommen bis unvollkommen – je nachdem, wie gut oder schlecht das Mineral aufspaltet. Bruch bezieht sich auf die Oberfläche, an der ein Mineral bricht, aber nicht spaltet. Eine Absonderung ähnelt der Spaltbarkeit, hat aber andere Ursachen.

BLEIGLANZ

MUSKOVIT

EPIDOT

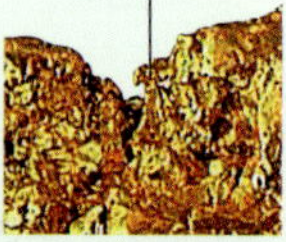

GOLD

CITRIN

SAPHIR

Transparenz

Die meisten Minerale sind transparent (durchsichtig) oder durchscheinend, außer es ist gesondert vermerkt. Mitunter ist die Transparenz nur zu sehen, wenn man durch dünne Plättchen blickt.

Farbe

Manche Minerale sind aufgrund ihrer chemischen Zusammensetzung und ihres Atomaufbaus stets von gleicher Farbe; dann ist Farbe ein untrüglicher Indikator. Andere Minerale wie Fluorit haben aufgrund wechselnder chemischer Spurenelementgehalte oder von Kristallgitterfehlern uneinheitliche Farben. Bestimmte Minerale fluoreszieren – im Licht von UV-Lampen wechseln sie die Farbe.

Glanz

Der Glanz gibt an, wie ein Mineral Licht reflektiert. Diamantglanz ist der brillanteste Glanz durchsichtiger oder durchscheinender Mineralarten. Glasglanz ist weniger brillant. Der Glanz eines Minerals ist nicht auf allen Kristall- oder Spaltflächen gleich, weshalb man zur Prüfung des Glanzes stets eine unverwitterte Fläche in Augenschein nehmen sollte.

Strich

Die Farbe fein verteilten Mineralpulvers kennzeichnet den Strich. Anders als die Kristallfarbe eines Minerals verändert sich dessen Strichfarbe nicht. Das Eisenoxid Hämatit hat z. B. immer einen roten Strich. Den Strich kann man durch Reiben des Minerals auf der weißen, unglasierten Rückseite einer Keramikfliese feststellen.

HILFSMITTEL

Manche Details können mithilfe einer Handlupe besser erkannt werden. Weitere Hilfsmittel sind Strichplatte, Kompass (Magnetismusprüfung), weicher Pinsel zum Reinigen der Minerale, Kupfermünze und Messerklinge zur Feststellung der Härte (S. 18). Schulen, Vereine und Museen haben häufig Testchemikalien und Geigerzähler.

Härte

Die Härte eines Minerals hängt ab von der Art der Anordnung seiner Atome. Man misst sie als Vergleichswert zu 10 Referenzmineralen auf der sog. Mohs-Skala. Diese beginnt mit dem weichsten Mineral, dem Talk, und endet beim Diamant, dem härtesten. Ein Kristall, der Calcit kratzt und selbst von Fluorit gekratzt wird, hat die Härte 3,5. Mithilfe der Härte lassen sich ähnlich aussehende Minerale unterscheiden.

MOHSSCHE HÄRTESKALA

TALK: 1

GIPS: 2

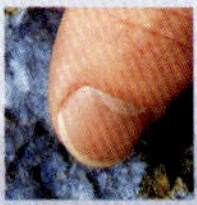
FINGERNAGEL: 2,5

CALCIT: 3

KUPFERMÜNZE: 3

FLUORIT: 4

APATIT: 5

STAHLKLINGE: 5,5

ORTHOKLAS: 6

QUARZ: 7

TOPAS: 8

KORUND: 9

DIAMANT: 10

TESTSET
Die 10 Referenzminerale sind zum Testen optimal, aber ersatzweise helfen auch einige Dinge des Alltags wie Fingernagel, Kupfermünze oder Messerklinge. Der Härtetest sollte immer auf einer unauffälligen Kristallfläche durchgeführt werden, da er die Fläche zerkratzt.

Dichte

Die meisten Minerale haben eine Dichte zwischen 2 und 4 Gramm pro cm^3, nur wenige sind leichter oder schwerer. So sind volumengleiche Stücke von Baryt (Schwerspat) erheblich schwerer als Gips.

Magnetismus

Einige eisenhaltige Erzminerale sind magnetisch; neben einen Kompass gelegt, lenken sie die Nadel von der Nordrichtung ab. Magnetit, ein Eisenoxidmineral, zieht als starker Naturmagnet Eisengegenstände an.

Säuretest

Etwas verdünnte Salzsäure (HCl) auf Carbonatminerale getropft, lässt diese mit der Säure unter Entwicklung von Kohlendioxid (CO_2) reagieren. Bestimmte Minerale reagieren anders, etwa durch Farbänderung oder Zersetzung. Achtung: Alle Säuren sind gefährlich – der Umgang mit ihnen erfordert Schutzbrille und Schutzkleidung.

Radioaktivität

Minerale, die Uran oder Thorium enthalten, sind radioaktiv. Radioaktivität kann mit einem Geigerzähler nachgewiesen werden. Alle radiaktiven Minerale erfordern besondere Handhabung und Lagerung.

Geologische Vergesellschaftung

Eines der wichtigsten Bestimmungsmerkmale zur Identifizierung eines Minerals ist die Feststellung, in welchem Gesteinsverband und in welcher Mineralvergesellschaftung es vorkommt. Manche Minerale treten nur in bestimmten Gesteinsarten auf, andere nur zusammen mit speziellen Mineralarten.

BASALT-VERGESELLSCHAFTUNG

PEGMATIT-VERGESELLSCHAFTUNG

GLIMMERSCHIEFER-VERGESELLSCHAFTUNG

HYDROTHERMALGANG-VERGESELLSCHAFTUNG

ALPHABETISCHE LISTE DER CHEMISCHEN ELEMENTE

Ac	Actinium	**Ge**	Germanium	**Po**	Polonium
Ag	Silber	**H**	Wasserstoff	**Pr**	Praseodym
Al	Aluminium	**He**	Helium	**Pt**	Platin
Am	Americium	**Hf**	Hafnium	**Pu**	Plutonium
Ar	Argon	**Hg**	Quecksilber	**Ra**	Radium
As	Arsen	**Ho**	Holmium	**Rb**	Rubidium
At	Astat	**I**	Iod	**Re**	Rhenium
Au	Gold	**In**	Indium	**Rh**	Rhodium
B	Bor	**Ir**	Iridium	**Rn**	Radon
Ba	Barium	**K**	Kalium	**S**	Schwefel
Be	Beryllium	**Kr**	Krypton	**Sb**	Antimon
Bi	Wismut	**La**	Lanthan	**Sc**	Scandium
Bk	Berkelium	**Li**	Lithium	**Se**	Selen
Br	Brom	**Lu**	Lutetium	**Si**	Silicium
C	Kohlenstoff	**Lw**	Lawrencium	**Sm**	Samarium
Ca	Calcium	**Md**	Mendelevium	**Sn**	Zinn
Cd	Cadmium	**Mg**	Magnesium	**Sr**	Strontium
Ce	Cer	**Mn**	Mangan	**Ta**	Tantal
Cf	Californium	**Mo**	Molybdän	**Tb**	Terbium
Cl	Chlor	**N**	Stickstoff	**Tc**	Technetium
Cm	Curium	**Na**	Natrium	**Te**	Tellur
Co	Kobalt	**Nb**	Niob	**Th**	Thorium
Cr	Chrom	**Nd**	Neodym	**Ti**	Titan
Cs	Cäsium	**Ne**	Neon	**Tl**	Thallium
Cu	Kupfer	**Ni**	Nickel	**Tm**	Thulium
Dy	Dysprosium	**No**	Nobelium	**U**	Uran
Er	Erbium	**Np**	Neptunium	**V**	Vanadium
Es	Einsteinium	**O**	Sauerstoff	**W**	Wolfram
F	Fluor	**Os**	Osmium	**Xe**	Xenon
Fe	Eisen	**P**	Phosphor	**Y**	Yttrium
Fm	Fermium	**Pa**	Protactinium	**Yb**	Ytterbium
Fr	Francium	**Pb**	Blei	**Zn**	Zink
Ga	Gallium	**Pd**	Palladium	**Zr**	Zirkonium
Gd	Gadolinium	**Pm**	Promethium		

Sedimentgesteine

Sedimentgesteine entstehen durch die Einwirkung von Wasser oder Wind auf Gesteine der Erdoberfläche. Man unterscheidet zwei Gruppen: klastische, die aus zerkleinertem Gesteinsmaterial bestehen und chemisch-biogene, die aus teils chemischen, teils biogen erzeugten Materialien aufgebaut sind wie die südenglischen Kreidefelsen (unten). Die klastischen Sedimentgesteine klassifiziert man nach ihrer Korngröße, die sich häufig danach richtet, wie weit das erodierte Material transportiert worden ist oder wie hoch das Energieniveau am Ort ihrer Ab- oder Umlagerung ist. So setzen sich in schnell fließenden Gewässern nur grobe Körner ab. Die chemisch-biogene Gruppe teilt man nach Art ihrer Zusammensetzung ein.

SEPTARIE

KALKTUFF

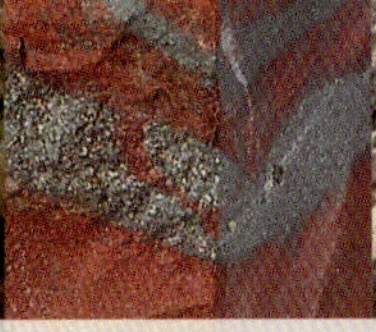

BÄNDEREISENERZ

KALKSTEIN

Konglomerat

KONGLOMERATE *in Wechsellagerung mit Sandsteinen in einem ehemaligen Flussbett einer Talaue.*

Dieses häufige Gestein fällt sofort durch seine großen runden Gerölle auf. Letztere können aus einer Gesteinsart, z.B. Quarz oder Kalkstein, oder aus verschiedenen bestehen. Die Gerölle stecken fest einzementiert in einer feinkörnigeren Matrix aus Sand und ausgefälltem Zement. Typische Vorkommen von Konglomeraten sind Flussterrassen oder -deltas.

POLYGENETISCHES KONGLOMERAT

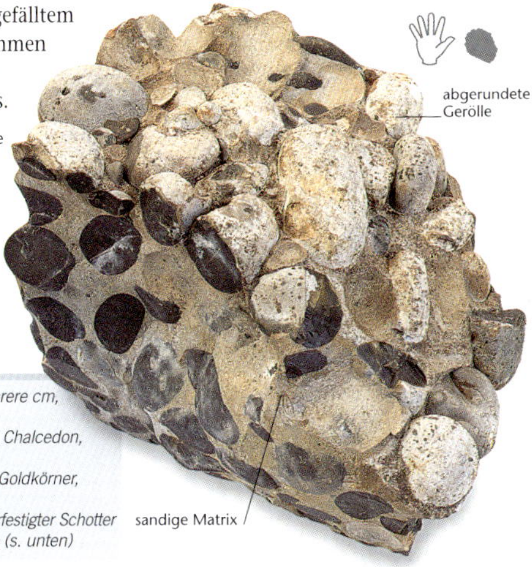

KORNGRÖSSE: *2 mm bis mehrere cm, in feinkörniger Matrix*
HAUPTBESTANDTEILE: *Quarz, Chalcedon, Kalkstein, Gesteinsfragmente*
NEBENBESTANDTEILE: *selten Goldkörner, Uran*
ENTSTEHUNG: *Ablagerung, verfestigter Schotter*
ÄHNLICHE GESTEINE: *Breccie (s. unten)*

Breccie

AUSGEPRÄGTE *Schutthalden unterhalb von Kliffen in Südmarokko; solche Hänge stellen den Schutt für die Entstehung von Breccien bereit.*

Anders als die runden Gerölle in Konglomeraten sind in Breccien die Komponenten eckig. Das lässt den Schluss zu, dass sie keinen Transportweg hinter sich haben. Ihr Entstehungsort sind Vulkangebiete und Verwerfungen. Sedimentäre Breccien jedoch bilden sich an Schutthalden im Gebirge und entlang von Küsten oder in Wüsten nach Sturzfluten.

POLYGENETISCHE BRECCIE

KORNGRÖSSE: *2 mm bis mehrere cm, in feinkörniger Matrix*
HAUPTBESTANDTEILE: *meist Gesteinsfragmente*
NEBENBESTANDTEILE: *keine*
ENTSTEHUNG: *detritisch, grober Splitt*
ÄHNLICHE GESTEINE: *Verwerfungsbreccie (Grundmasse ist ein Mineral), vulkanische Breccie*

Tillit

AUS DEN *von schmelzenden Gletschern hinterlassenen Moränen bilden sich Tillite.*

Typisch für dieses Gestein ist das enorme Körngrößenspektrum, vom kleinsten Tonmineral bis zu Blockgröße (mehrere m); man nennt unverfestigten Tillit auch Geschiebelehm. Zu Tal fließende Gletscher vergangener Eiszeiten erodierten und transportierten Gesteinsschutt ins Gebirgsvorland; nach ihrem Abschmelzen blieb das »Transportgut« als Moräne liegen, das später zu Tillit verfestigte. Tillite finden sich heute in allen ehemals vergletscherten Gebieten der Erde.

AUSSCHNITT

KORNGRÖSSE: *0,001 mm bis mehrere m*
HAUPTBESTANDTEILE: *meist Gesteinsfragmente*
NEBENBESTANDTEILE: *keine*
ENTSTEHUNG: *detritisch, aus grobem Gesteinsbruch*
ÄHNLICHE GESTEINE: *Breccie (S. 21 unten)*

Gritstone *Grobsandstein*

GROBE *Bankschichtung und ein weites Kluftnetz sind typisch für Gritstone-Aufschlüsse.*

Diese Sandsteinvarietät besteht aus zementierten Ablagerungen abgerundeter Körner von Grobsand bis Feinkies. Aus manchem Gritstone lassen sich mit bloßen Fingern einzelne Körner abreiben; andere sind so kompakt, dass sie zur Herstellung von Mühlsteinen verwendet werden (z.B. der Millstone Grit). Quarz ist der häufigste Bestandteil und oft sind färbende Eisenoxide beigemengt, die dem Gestein eine gelbe, braune oder rote Farbe geben.

FELDSPATHALTIGER GRITSTONE

KORNGRÖSSE: *1–4 mm*
HAUPTBESTANDTEILE: *Quarz, Feldspat*
NEBENBESTANDTEILE: *Glimmer, schwere und verwitterungsstabile Minerale wie Granat, Rutil oder Titanit*
ENTSTEHUNG: *detritisch, Grobsand, Feinkies*
ÄHNLICHE GESTEINE: *Typischer Sandstein (S. 23) ist feiner*

Sandstein

ROTE, *gut geschichtete Sandsteine sind Teil der Wüste von Arizona, USA.*

Als eines der häufigsten Sedimentgesteine besteht Sandstein zumeist aus Quarzkörnern, die mit bloßem Auge erkennbar sind. Unter der Handlupe sind ihre mannigfaltigen Formen zu erkennen. Runde Körner sind typisch für Wüstensandsteine, während Sandsteine aus Flussgebieten eckiger sind; jene aus Strandgebieten stehen dazwischen. Die Farbe verrät auch etwas über die Entstehungsgeschichte, sie reicht von weiß, rot und grau bis grün. Wechselnde Ablagerungsbedingungen ließen geschichtete Sandsteine entstehen, auf deren Schichtflächen oft Ablagerungsstrukturen wie z.B. Rippelmarken entwickelt sind.

EISENHALTIGER SANDSTEIN

SANDSTEIN MIT RUTSCHFALTEN

GLIMMERHALTIGER SANDSTEIN

KORNGRÖSSE: *0,1–2 mm*
HAUPTBESTANDTEILE: *Quarz, Feldspat*
NEBENBESTANDTEILE: *Glimmer und viele andere*
ENTSTEHUNG: *detritisch, aus Sand*
ÄHNLICHE GESTEINE: *Orthoquarzit (S. 25), Arkose (S. 25), Grünsandstein (S. 26), Plattensandstein (S. 28)*

ANMERKUNG

Sandstein ist ein attraktiver Naturbaustein. Seit der Antike wird er für Bauwerke verwendet, etwa für die berühmte Sphinx bei Giseh in Ägypten. Seine Verwitterungsstabilität hängt ganz davon ab, wie sein Bindemittel, der Zement, beschaffen ist, der die Quarzkörner zusammenhält.

Schräg geschichteter Sandstein

SCHRÄG GESCHICHTETE *Schichten-Sets in einem gelben Sandstein – die an der Basis parallelen Schichten eines Sets werden vom nächsten Set oben gekappt.*

Schräg zueinander geneigte Schichten-Sets bilden eine Schrägschichtung. Sie entstehen zum einen durch Windverfrachtungen bei wechselnden Windrichtungen in Dünengebieten von Wüsten, zum anderen durch wechselnde Strömungen im Küstenbereich. Wüstensandstein ist durch Hämatitkrusten häufig rot gefärbt.

SCHRÄG GESCHICHTETER SCHLAMMIGER SANDSTEIN

KORNGRÖSSE: *0,1–2 mm*
HAUPTBESTANDTEILE: *Quarz, Feldspat*
NEBENBESTANDTEILE: *Glimmer, Hämatit*
ENTSTEHUNG: *durch Wind oder Wasser abgelagert*
ÄHNLICHE GESTEINE: *In anderen Sandsteinen sind die Schichten-Sets parallel und nicht gekappt.*

Löss

LÖSS *besteht vorwiegend aus leichten Mineralen, die vom Wind ausgeblasen und wieder abgesetzt werden*

Dieses gelbe bis braune, leichte und lockere Gestein fühlt sich sehr weich und krümelig an. Der geringe Anteil an Tonmineralen lässt ihn auch feucht nicht schmierig werden. Löss entsteht ausschließlich durch Windausblasung und -absetzung von Staubsedimenten. Die größten Lössgebiete befinden sich am Rand der Wüste Gobi in China. Fossiler Löss in Europa stammt noch aus den letzten Eiszeiten, als Feinstaub aus den glazialen Schotterebenen ausgeweht wurde.

AUSSCHNITT

KORNGRÖSSE: *kleiner als 0,005 mm*
HAUPTBESTANDTEILE: *Quarz, Feldspat*
NEBENBESTANDTEILE: *keine*
ENTSTEHUNG: *detritisch, durch Wind transportiert und abgelagert*
ÄHNLICHE GESTEINE: *Ton (S. 29), wird aber feucht schmierig und hat eine viel größere Dichte.*

Orthoquarzit

DIESE HELLEN *Härtlinge bestehen aus hartem Orthoquarzit.*

Weiße oder rosafarbene Sandsteine mit mehr als 95 % Quarzgehalt nennt man Orthoquarzite – im Unterschied zu den ähnlichen metamorphen Quarziten (S. 76). Als Hartgestein bilden sie häufig eindrucksvolle Landschaftsformen. Die Quarzkörner sind gleichkörnig und gut abgerundet.

GRAUER ORTHOQUARZIT

KORNGRÖSSE: *0,1–2 mm*
HAUPTBESTANDTEILE: *Quarz*
NEBENBESTANDTEILE: *keine*
ENTSTEHUNG: *detritisch, aus quarzreichen Sanden*
ÄHNLICHE GESTEINE: *Andere Sandsteine (S. 23–27) enthalten weniger Quarz (S. 143) und sind oft dunkler.*

Arkose

ARKOSE DES *Torridonians (NW-Schottland) bedeckt größere Mittelgebirgsareale mit flachen Kämmen.*

Ein rosa Sandstein, dessen Farbe auf höhere Anteile an Feldspat zurückgeht, insbesondere rosa Alkalifeldspat. Die Kristallflächen der eckigen Kristalle reflektieren das Licht beim Betrachten mit der Lupe. Arkosen entstehen durch rasche Ablagerung von feinkörnigen Schuttfächern aus Gneis- und Granitarealen.

GRAUE ARKOSE

KORNGRÖSSE: *0,1–2 mm*
HAUPTBESTANDTEILE: *Feldspat, Quarz*
NEBENBESTANDTEILE: *keine*
ENTSTEHUNG: *detritisch, aus feldspatreichen Sanden*
ÄHNLICHE GESTEINE: *Andere Sandsteine (S. 23–27) enthalten mehr Quarz (S. 143) und weniger Feldspat.*

Grünsandstein

GRÜNSANDE *bilden sich unter ruhigen Flachwasserbedingungen; die grüne Farbe geht auf das zweiwertige Eisenion im Glaukonit zurück.*

Grünliche Sandsteine enthalten gewöhnlich Anteile des eisenhaltigen Minerals Glaukonit in Sandkorngröße und darunter. An der Luft überzieht sich Grünsandstein rasch mit einer braunen Verwitterungskruste. Er entsteht in flachen Küstengewässern und enthält häufig Fossilien. Der Regensburger Grünsandstein aus der Kreidezeit ist in vielen berühmten Bauwerken (z.B. Alte Pinakothek, München) verbaut worden.

DÜNNSCHLIFF

KORNGRÖSSE: *0,1–2 mm*
HAUPTBESTANDTEILE: *Feldspat, Quarz*
NEBENBESTANDTEILE: *keine*
ENTSTEHUNG: *detritisch, aus feldspatreichen Sanden*
ÄHNLICHE GESTEINE: *Rundliche grüne Körner von Glaukonit (S. 170) sind kennzeichnend*

Phosphorit

GUANOLAGERSTÄTTEN *auf der Insel Navassa (Karibik) brachten braune Phosphorite hervor.*

Sedimentgesteine mit reichlich Phosphatmineralen nennt man Phosphorite. Einige davon stammen von Tierresten oder -exkrementen ab, wie z.B. von Knochen- oder Guanolagerstätten diese Phosphorite sind dunkelbraun. Schwarze Phosphate treten in Tiefseeknollen, Geröllschichten und Sandsteinen auf. Ein weiterer Typ ist dagegen hell und reich an Apatit.

AUSSCHNITT

PHOSPHORITKNOLLE

KORNGRÖSSE: *Manche sind nicht körnig, andere haben Körner bis 1 cm oder größer*
HAUPTBESTANDTEILE: *Phosphatminerale (Apatit, Variscit, Vivianit, u.a.)*
NEBENBESTANDTEILE: *Knochen, Guano*
ENTSTEHUNG: *organisch oder chemisch*
ÄHNLICHE GESTEINE: *Dunkle Phosphorite können Eisensandsteinen (S. 35) ähneln.*

Grauwacke

GRAUWACKE *in einem Küstenaufschluss als schmutziggraue Abfolge von Schichten*

Grauwacke ist ein Gemisch aus Sand und wenig Schlamm. Dieses dunkle Gestein ist grau, dunkelgrün oder schwarz. Man kann kleine Gesteinsbruchstücke von Sandkorngröße sowie Minerale erkennen. Sie sind zufällig in der Grundmasse verteilt oder in gradierten Lagen, die nach oben hin feiner werden, angeordnet. Weltweit sind Grauwacken in Gesteinen des älteren Paläozoikums häufiger vertreten.

DÜNNSCHLIFF

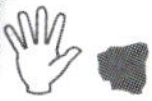

KORNGRÖSSE: *0,005–2 mm*
HAUPTBESTANDTEILE: *Gesteins- und Mineralbruchstücke*
NEBENBESTANDTEILE: *keine*
ENTSTEHUNG: *aus schlammigem Sand*
ÄHNLICHE GESTEINE: *Andere Sandsteine (S. 23–27) enthalten nicht so eckige Bruchstücke.*

Turbidit

TURBIDITSCHICHTEN, *jede im Dezimeterbereich, als Abfolge einzelner Rutschungsereignisse.*

Ein Turbidit entwickelt sich aus den Ablagerungen eines Trübestroms – einer rasend schnell hinabstürzenden Rutschmasse aus Wasser und Sediment am Steilabhang der Kontinentalränder. Turbidite sind rhythmisch aus verschiedenen Lagen in bestimmter Reihenfolge aufgebaut: Ganz unten liegt grobe Grauwacke, es folgt feingradierte Grauwacke, dann Siltstein, dann Mergel. Die beiden Letzteren können Rippelmarken an Schichtoberflächen zeigen.

AUSSCHNITT

KORNGRÖSSE: *0,005–2 mm*
HAUPTBESTANDTEILE: *Gesteins- und Mineralbruchstücke*
NEBENBESTANDTEILE: *keine*
ENTSTEHUNG: *aus einem Trübestrom*
ÄHNLICHE GESTEINE: *Turbidite bestehen aus Grauwacke (oben), Siltstein (S. 28) und Mergel (S. 29) in sich wiederholender Abfolge.*

Plattensandstein

PLATTENSANDSTEIN *aus Achanarras (N-Schottland) ist ein leicht spaltbarer, roter Glimmersandstein.*

Dieser Sandsteintyp kann entlang bestimmter Schichtflächen leicht aufgespalten werden. Auf diesen Flächen sind kleine Glimmerplättchen, meist Muskovit, angereichert, die im reflektierenden Licht glitzern. Die Anreicherung rührt daher, dass die Glimmerplättchen langsamer sedimentieren als andere Minerale. Plattensandsteine sind bevorzugte Naturbausteine.

KORNGRÖSSE: *0,1–2 mm*
HAUPTBESTANDTEILE: *Quarz, Feldspat, Glimmer*
NEBENBESTANDTEILE: *keine*
ENTSTEHUNG: *aus glimmerreichem Sand*
ÄHNLICHE GESTEINE: *Im Vergleich zu anderen Sandsteinen (S. 23–27) höherer Glimmeranteil und Spaltbarkeit.*

Siltstein *Schluffstein*

POLYGONALE *Trockenrisse (hier im Schluff) können nicht selten in Siltsteinen konserviert werden.*

Ein Sedimentgestein, dessen Komponenten bezüglich der Korngröße zwischen Sandstein und Mergel liegen. Wie Sandstein entsteht Siltstein in verschiedenen Milieus und zeigt unterschiedliche Farben und Strukturen; rote und graue Farben sowie ebene Schichtung sind jedoch typisch. In dunkleren Varietäten sind Pflanzenreste und andere organische Substanzen zugegen. Glimmeranteile verleihen dem Siltstein plattige Konsistenz.

AUSSCHNITT

KORNGRÖSSE: *0,005–0,1 mm*
HAUPTBESTANDTEILE: *Quarz, Feldspat*
NEBENBESTANDTEILE: *Pflanzenreste, organische Substanz, Glimmer*
ENTSTEHUNG: *detritisch, aus Schluff*
ÄHNLICHE GESTEINE: *Sandstein (S. 23) ist gröber, Mergel (S. 29) feiner; Siltstein kann in beide übergehen.*

Mergel *Schlammstein*

WACKELSTEIN *aus verwitterungsstabilem Sandstein über grauem Mergel (Namibia).*

Als graues bis schwarzes Gestein, das sich aus Schlamm bildet, enthält Mergel sowohl detritisches Material wie Quarz, Feldspat und Tonminerale als auch organisches Material. Einzelne Körner können nur mit einer Handlupe unterschieden werden. Manche Mergel sind fossilführend, andere kalkhaltig und reagieren mit Säuren.

KALKHALTIGER MERGEL

KORNGRÖSSE: *kleiner als 0,1 mm*
HAUPTBESTANDTEILE: *Quarz, Feldspat*
NEBENBESTANDTEILE: *organische Substanz; Fossilien sind häufig gut erhalten.*
ENTSTEHUNG: *detritisch, aus Schlamm*
ÄHNLICHE GESTEINE: *Grauwacke (S. 27) weist ein breiteres Korngrößenspektrum auf.*

Ton

TROCKENRISSE *durchziehen diesen grauen Ton in einer Tongrube.*

Ton besteht aus Tonmineralen wie Kaolinit, Illit und Montmorillonit. Im feuchten Zustand fühlt er sich schmierig an; dann kann er auch gut geformt werden. Wasserüberschuss lässt Ton allerdings zerfallen. Die typischen Farben sind dunkel- bis hellgrau; selten ist die weiße Varietät, die Porzellanerde. Einzelkörner sind nur mit hochwertigen Mikroskopen erkennbar.

KAOLINIT

KORNGRÖSSE: *kleiner als 0,001 mm*
HAUPTBESTANDTEILE: *Tonminerale wie Kaolinit, Illit, Montmorillonit u.a.*
NEBENBESTANDTEILE: *keine*
ENTSTEHUNG: *detritisch, aus Produkten der chemischen Verwitterung*
ÄHNLICHE GESTEINE: *Löss (S. 24) ist etwas grobkörniger.*

Septarie

SCHNITT *durch eine Septarie in einem braunen Ton eines Strandkliffs.*

Septarien sind Knollen, die sich in kalkhaltigen Mergeln und Kalkmergeln entwickeln. Es sind unregelmäßig geformte Körper von 20–50 cm Durchmesser, die aus härterem Material als das umgebende Gestein bestehen. Die Farbe ist wegen des Eisenoxidgehalts häufig dunkelbraun. Das Innere der Knolle durchziehen konzentrisch oder radial verlaufende Schrumpfrisse, deren Wände mit hellen Mineralen ausgekleidet sind.

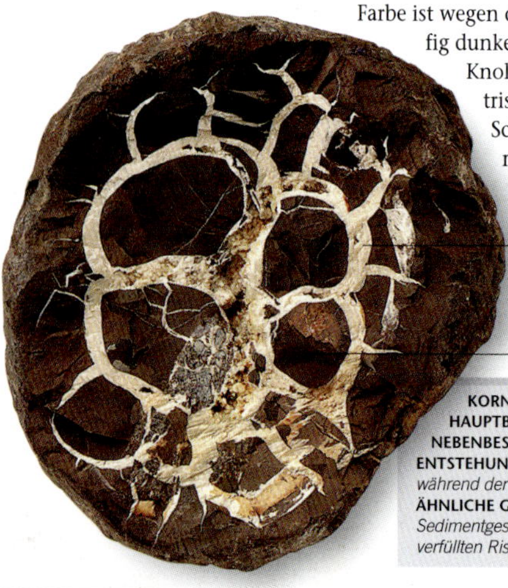

KORNGRÖSSE: *Knollen von 0,1–1 m*
HAUPTBESTANDTEILE: *Calcit, Coelestin*
NEBENBESTANDTEILE: *keine*
ENTSTEHUNG: *Entwässerungsprozesse während der Gesteinsbildung*
ÄHNLICHE GESTEINE: *Knollen sind häufig in Sedimentgesteinen; Septarien heißen die verfüllten Risse.*

Eisensulfid-Knollen

EISENSULFID-KNOLLEN *können wie hier ein Fossilgehäuse chemisch ersetzen.*

Sowohl Pyrit als auch Markasit bilden ähnliche Knollen in Tonen, Mergeln, Kalkmergeln und Kalksteinen. Sie sind meist kugelig mit einem Durchmesser von ca. 5 cm. Die Sulfidminerale sind von radiärer Struktur und in frischem Zustand von attraktiver gelber Farbe und metallischem Glanz. Der Glanz verschwindet schnell, da beide Minerale leicht oxidieren.

ÄUSSERE OBERFLÄCHE

KORNGRÖSSE: *Knollen von 1–10 cm*
HAUPTBESTANDTEILE: *Pyrit oder Markasit*
NEBENBESTANDTEILE: *Fossilien*
ENTSTEHUNG: *chemische Prozesse im umgebenden Gestein*
ÄHNLICHE GESTEINE: *Meteorite (S. 84) haben eine zerfurchte Oberfläche.*

Schieferton

Dieses Gestein ist sehr splittrig und spaltet sehr leicht in zahlreiche dünne Plättchen auf. Abgesehen davon gleicht es in Korngröße und Farbe Mergel. Schiefertone sind häufig fossilführend und können Schalen-, aber auch Pflanzenreste enthalten. Ölschiefer sind reich an organischer Substanz (Kohlenwasserstoffe) und haben große wirtschaftliche Bedeutung. Schwarzschiefer, ebenfalls reich an organischen Substanzen, bilden sich in schlammigen Wässern. Sie enthalten oft Konkretionen aus Pyrit oder Gips, die sich nach der Sedimentation gebildet hatten. Aus Nordeuropa kennt man Alaunschiefer, die Aluminiumsalze enthalten. Früher benutzte man sie im Gerber- und Färberhandwerk.

SCHIEFERTON *bildet wegen seiner klüftigen Eigenschaften viele unregelmäßig geformte, brüchige Felsküsten.*

ÖLSCHIEFER

ALAUNSCHIEFER

FOSSILFÜHRENDER SCHIEFERTON

KORNGRÖSSE: *kleiner als 0,1 mm*
HAUPTBESTANDTEILE: *Quarz, Tonminerale, Glimmer*
NEBENBESTANDTEILE: *Kohlenstoff (Graphit), Alaun; Fossilien häufig*
ENTSTEHUNG: *detritisch aus Schlamm, Ton und organischer Substanz*
ÄHNLICHE GESTEINE: *Mergel (S. 20)*

ANMERKUNG

Der Burgess-Schiefer in British Columbia (Kanada) ist 505 Mio. Jahre alt und birgt hervorragend erhaltene Fossilien. Sie sind mit die ältesten bekannten Zeugnisse irdischen Lebens und umfassen Tierarten, die Ähnlichkeiten mit heute lebenden Arten haben, aber auch sehr fremdartige Formen.

KARST *als Ausdruck der Kalksteinverwitterung; hier herausgewitterte Klüfte eines karbonzeitlichen Kalksteins.*

Kalkstein

Kalksteine sind gelbe, weiße oder graue Sedimentgesteine, die großteils aus Calcit bestehen. Dieses Mineral lässt sich leicht mit verdünnter Salzsäure nachweisen: Bereits ein Tropfen reagiert heftig unter Zischen und Freisetzung von Kohlendioxid. Calcit hat viele »Gesichter«: als verfestigter Kalkschlamm (Mikrit), detritische Körner (Calcarenit), kleine Kügelchen (Oolith), Calcitkristalle (Sparit) und/oder Fossilreste. Häufig liegen Mischungen aus diesen Formen vor, deren vielfältige Strukturen auf das Milieu schließen lassen, in dem der Kalkstein entstanden ist.

MUSCHELKALK

SÜSSWASSERKALK

CRINOIDENKALK

AUSSCHNITT

KORNGRÖSSE: *0,005–2 mm*
HAUPTBESTANDTEILE: *Calcit*
NEBENBESTANDTEILE: *Dolomit, Aragonit, Quarz; Fossilien häufig*
ENTSTEHUNG: *chemisch-biogene Ausfällung*
ÄHNLICHE GESTEINE: *Dolomit (S. 34) reagiert aber kaum mit verdünnter Salzsäure.*

ANMERKUNG

Kalksteine sind hervorragende Trägergesteine für Fossilien in Formationen jeden geologischen Alters. Riffbildner wie Korallen und Algen sowie Schalentiere wie Muscheln, Schnecken, Brachiopoden, Ammoniten und Stachelhäuter sind häufig zu finden und bauen manchmal sogar ein ganzes Gestein auf.

Oolith *Rogenstein*

GELBER *oolithischer Kalkstein in horizontaler Schichtung.*

Dieser Kalksteintyp wird aus Ooiden, kugeligen Körnern aus Calcit, aufgebaut. Sie haben in der Regel einen Durchmesser von 1–2 mm und sind weiß oder gelb gefärbt. Die Ooide sind konzentrisch strukturiert und entstehen, wenn sich an der Außenhaut winziger Körnchen, die über den Meeresboden rollen, Kalk aus dem kalkreichen Wasser Lage auf Lage abscheidet. Sind die Ooide größer, spricht man von einem Pisolith (Erbsenstein).

PISOLITH

AUSSCHNITT

KORNGRÖSSE *0,5–2mm*
HAUPTBESTANDTEILE *Calcit.*
NEBENBESTANDTEILE *Fossilien, einschließlich Muscheln*
ENTSTEHUNG *chemische Ausfällung in Flachwasser*
ÄHNLICHE GESTEINE *Oolith ist ein Kalkstein (S. 32), der Ooide enthält.*

Kreidekalk

DIE WEISSEN KLIPPEN *der südenglischen Kreideküste (hier East Sussex) entlang des Kanals.*

Dieser rein weiße, feinkörnige Kalkstein ist eine Ansammlung winzig kleiner Calcitgehäuse mariner Mikroorganismen, die in sauberen Flachmeeren leben. Besonders während der Kreidezeit haben sich mächtige Kreidekalke in Gewässern des heutigen Südenglands abgesetzt. Manchmal enthalten sie Feuersteinknollen, aber auch viele Fossilien.

KREIDEKALK MIT FOSSIL

KORNGRÖSSE: *kleiner als 0,005 mm*
HAUPTBESTANDTEILE: *Calcit*
NEBENBESTANDTEILE: *Fossilien häufig*
ENTSTEHUNG: *Anhäufung mikroskopisch kleiner Gehäuse in ruhigen Küstengewässern*
ÄHNLICHE GESTEINE: *Gewöhnlicher Kalkstein (S. 32) hat nicht die Reinheit und weiße Farbe.*

Dolomit

IN DEN DOLOMITEN, *einer zerklüfteten Alpenregion in Norditalien, sind diese Gesteine zahlreich vertreten.*

Hauptbestandteil des Dolomitgesteins ist das gleichnamige Mineral (S. 152). Dolomit sieht aus wie Kalkstein, enthält aber mehr kristallines Material und reagiert nicht (außer in Pulverform) mit verdünnter Salzsäure. Das Gestein ist meist grau oder gelb bis braun. Magnesiumreiche Lösungen wandelten den Kalkschlamm zu Dolomitschlamm um, bevor er zu Kalkstein aushärten konnte.

DÜNNSCHLIFF

KORNGRÖSSE: *0,005–2 mm*
HAUPTBESTANDTEILE: *Dolomit (Mineral)*
NEBENBESTANDTEILE: *Calcit, Quarz*
ENTSTEHUNG: *chemische Umwandlung von Kalkschlamm durch magnesiumreiche Lösungen*
ÄHNLICHE GESTEINE: *Kalkstein (S. 32) reagiert heftig im Kontakt mit verdünnter Salzsäure.*

Kalkmergel

VERWITTERTE AUFSCHLÜSSE *von grauen Knollenmergeln in den Badlands des Mittelwestens (USA).*

Dieses kalkreiche, tonmineralhaltige Gestein zeigt vielerlei helle Farben von grau, grün, rot bis bunt und reagiert wie Kalkstein mit verdünnter Salzsäure. Kalkmergel sind nicht selten knollig ausgebildet; die Knollen sind dann stärker zementiert als das umgebende Gestein. Sie bilden sich bevorzugt in Seen und Lagunen.

ROTMERGEL

KORNGRÖSSE: *kleiner als 0,001 mm*
HAUPTBESTANDTEILE: *wechselnde Gehalte an Calcit und Tonmineralen*
NEBENBESTANDTEILE: *Gips, Eisenoxidminerale, Fossilien*
ENTSTEHUNG: *aus tonhaltigem Kalkschlamm*
ÄHNLICHE GESTEINE: *Kalkstein (S. 32) ist weicher, Mergel (S. 29) enthält weniger Calcit.*

Eisensandstein

OXIDATION *sulfidhaltiger Gesteine führte zur Bildung dieser Eisenerzlagerstätte in Colorado (USA).*

Sandsteine mit hohen Gehalten an Hämatit, Goethit, Siderit, Chamosit oder anderen Eisenerzmineralen nennt man Eisensandsteine. Diese Minerale verleihen dem Gestein gelbe, rote, braune oder auch grüne Farben. Sie verdrängen dabei andere Minerale oder füllen Hohlräume im Gestein aus. Desgleichen gilt für Kalksteine (bzw. Eisenkalksteine).

DÜNNSCHLIFF

KORNGRÖSSE: *0,1–2 mm*
HAUPTBESTANDTEILE: *Hämatit, Goethit, Siderit*
NEBENBESTANDTEILE: *Quarz oder Calcit des Wirtsgesteins*
ENTSTEHUNG: *Verwandlung von Sand- oder Kalkstein durch eisenreiche Lösungen*
ÄHNLICHE GESTEINE: *Kalkstein (S. 32)*

Raseneisenerz

IN SÜMPFEN *und Mooren gemäßigter Klimagebiete entwickeln sich bisweilen chemisch-biologisch ausgefällte Raseneisenerze.*

Sümpfe und Moorseen in Skandinavien und Kanada sind Orte, wo sich auch gegenwärtig reiche Eisenerzlager bilden. Es sind zumeist gelbbraune Mergel mit gelben, roten, braunen oder schwarzen Konkretionen aus Eisenoxiden und -hydroxiden, die bis zu 70 % Fe_2O_3 enthalten können. Früher noch geschätzt als Eisenerze, wird Raseneisenerz heute wegen mangelnder Reinheit nicht mehr zu Eisen verhüttet. Es enthält oft von Eisenmineralen konservierte Pflanzenreste.

KORNGRÖSSE: *kleiner als 0,1 mm*
HAUPTBESTANDTEILE: *toniger Schlamm, Eisenminerale (bes. Goethit)*
NEBENBESTANDTEILE: *Pflanzenreste*
ENTSTEHUNG: *Eisenanreicherung durch Eisenbakterien in Mooren*
ÄHNLICHE GESTEINE: *Mergel (S. 29), der aber kaum Eisen enthält*

Bändereisenerz

IN BÄNDEREISENERZE, *wie hier in Simbabwe, sind häufig Hornstein und andere Mineral-/Gesteinsarten eingeschaltet.*

Auch als BIF (= banded iron formation) bekanntes Gestein, das aus wechselnden Lagen roter, brauner oder schwarzer Eisenoxide (Magnetit, Hämatit) und grauem oder fast weißem Hornstein (SiO_2-Mineral) besteht. Das Gestein ist sehr feinkörnig und zerbricht in glatte, splittrige Stücke. Es kommt ausschließlich in präkambrischen (älter als 500 Mio. Jahre) Formationen vor und kann mächtige Abfolgen wie z.B. in der Hammersley Range (Australien) bilden. BIF ist das wirtschaftlich wichtigste Eisenerz.

KORNGRÖSSE: *nicht bis sehr feinkörnig*
HAUPTBESTANDTEILE: *Hämatit, Magnetit, Chalcedon*
NEBENBESTANDTEILE: *keine*
ENTSTEHUNG: *chemische Ausfällung von Eisenmineralen und Chert*
ÄHNLICHE GESTEINE: *Hornstein (S. 37) enthält keine Eisenmineralbänder.*

Laterit *Plinthit*

LATERIT *bildet sich in den feuchten Tropen unter extremen Auswaschungsbedingungen und hohen Jahrestemperaturen.*

Als eisen- und aluminiumreiche, verhärtete Bodenkruste bildet sich Laterit (Bodenkundler nennen ihn Plinthit) in den feuchten Tropen durch extreme Auswaschung der Böden. Lateritknollen oder -platten sind rotbraun oder gelb und enthalten Sandkörner oder verhärteten Ton. In trockeneren Klimaten hat Laterit glänzende, windpolierte Oberflächen.

LATERIT MIT WÜSTENLACK

KORNGRÖSSE: *körnig, mit Sandkörnern*
HAUPTBESTANDTEILE: *Hämatit, Gibbsit, Kaolinit*
NEBENBESTANDTEILE: *Quarz, Schwerminerale*
ENTSTEHUNG: *extreme Auswaschung der Böden, nur Fe- und Al-Oxide verbleiben*
ÄHNLICHE GESTEINE: *Hornstein (S. 37) enthält weniger rötliche Stellen.*

Hornstein *Chert*

LAGEN *aus Hornstein in verschiedenen Grautönen; der orange Bereich markiert den ehemaligen Grundwasserspiegel.*

Hornstein besteht aus dem SiO_2-Mineral Chalcedon. Er tritt in den Farben grau, weiß, braun oder schwarz auf. Hornstein bricht entlang ebener bis rundlicher, glatter Bruchflächen und hat einen glasigen Glanz. Er ist ein Ausfällungsprodukt SiO_2-reicher Lösungen und Kolloide und kann Klüfte in Lavagesteinen ausfüllen.

DÜNNSCHLIFF

KORNGRÖSSE: *nicht körnig*
HAUPTBESTANDTEILE: *Chalcedon*
NEBENBESTANDTEILE: *keine*
ENTSTEHUNG: *chemische Ausfällung von* SiO_2
ÄHNLICHE GESTEINE: *Feuerstein (unten) zeigt muscheligen Bruch.*

Feuerstein *Flint*

SCHWARZE FLINTKNOLLEN, *mit weißem Kreidekalk überzogen, stecken in diesen hellbraunen Kreidekalken.*

Feuerstein ist eine Hornstein-Varietät, der eingebettet in Kreidekalken parallel zur Schichtung in Form von Knollen auftritt. Die Knollen sind unregelmäßig, aber rund geformt. Feuerstein bricht muschelig, ist grau und manchmal gebändert. Er ist verwitterungsstabiler als die Kreide und bildet deshalb häufig dicke Strandgerölllagen.

AUSSCHNITT

KORNGRÖSSE: *nicht körnig*
HAUPTBESTANDTEILE: *Chalcedon*
NEBENBESTANDTEILE: *seltener Fossilien, z.B. Schwammnadeln*
ENTSTEHUNG: *chemische Ausfällung von* SiO_2
ÄHNLICHE GESTEINE: *Hornstein (oben) hat flache, ebene Bruchflächen; Kreideüberzüge sind charakteristisch.*

Kieselgur *Diatomit*

DAS *Kieselgur-Vorkommen am Lough Neagh (Nordirland) ist entstanden, als der See noch größer war.*

Dieses Gestein geringer Dichte besteht aus Opal in Form umgewandelter winziger Schalenskelette (Frusteln) von Diatomeen oder Kieselalgen. Es bildet sich in ruhigen Lagunen oder flachen Seen durch Ansammlung dieser mikroskopisch kleinen Skelettreste. Härte, Größe und Form der Partikel machen Kieselgur zu einem idealen Schleifmittel (Zahnpasta). Es wird auch zum Bau von Spezialfiltern zur Wasseraufbereitung verwendet.

KORNGRÖSSE: *kleiner als 0,1 mm*
HAUPTBESTANDTEILE: *Opal*
NEBENBESTANDTEILE: *keine*
ENTSTEHUNG: *Ansammlung von Algenskeletten aus Opal* (SiO_2)
ÄHNLICHE GESTEINE: *Bims (S. 66) ist gewöhnlich hellgrau und tritt zusammen mit vulkanischen Gesteinen (Obsidian) auf.*

Geyserit

ABLAGERUNGEN *von Geyserit am Rand des Clepsydra-Geysirs im Yellowstone-Nationalpark (USA).*

Weißes, beiges oder rosa Gestein vulkanischen Ursprungs, auch als Kieselsinter bekannt. Es bildet sich durch Verdunstung SiO_2-reicher Lösungen unter Ausscheidung von Opal. Häufig fällt Geyserit in der nahen Umgebung von Geysiren (heißen Quellen) aus, entsteht aber auch beim Kontakt dieser Lösungen mit heißer Lava.

AUSSCHNITT

KORNGRÖSSE: *nicht körnig*
HAUPTBESTANDTEILE: *Opal*
NEBENBESTANDTEILE: *Metalloxid-Minerale, z.B. Hämatit*
ENTSTEHUNG: *chemische Ausfällung von* SiO_2 *aus heißen vulkanischen Wässern*
ÄHNLICHE GESTEINE: *Travertin (S. 39) besteht aus Calcit (Reaktion mit Säuren).*

Kalktuff *Kalksinter*

KALKTUFF *bildet hier am Mono Lake (Kalifornien) Felszacken, die aus dem Zusammenspiel zwischen Grund-, Quell- und Seewasser ausgefallen sind.*

Kalktuff ist schwach verfestigtes, weiches Calciumcarbonat ($CaCO_3$, überwiegend Calcit) und fällt aus kalkreichen Grundwässern aus. Er ist ungeschichtet und zeigt gelbe bis rote Färbung durch beigemischtes Eisenoxid. Kalktuff kommt in kalksteinreichen Gebieten des gemäßigten Klimas vor, aber auch in Trockentälern und Wüstengebieten als oberflächig ausgefällte Kalkkruste (Caliche, Calcrete).

weiche, pulverige Struktur

GELBBRAUNER KALKTUFF

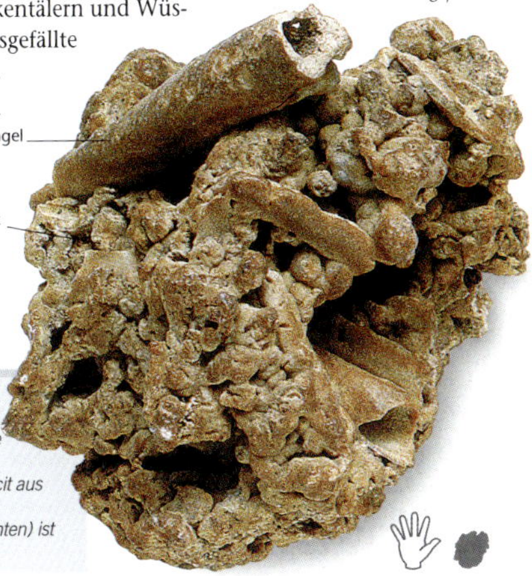

versteinerter Pflanzenstängel

lockerer, poröser Kalkzement

KORNGRÖSSE: *kleiner als 0,1 mm*
HAUPTBESTANDTEILE: *Calcit*
NEBENBESTANDTEILE: *versteinerte Pflanzenreste, Moose*
ENTSTEHUNG: *Ausfällung von Calcit aus kalkreichen Wässern*
ÄHNLICHE GESTEINE: *Travertin (unten) ist fester, härter und häufig gebändert.*

Travertin

SPEKTAKULÄRE *Flowstone-Ablagerung aus Travertin in einer Kalksteinhöhle.*

Diese harte und kristalline Spielart des Calcits ist gewöhnlich cremeweiß mit farbigen Streifen, die auf Metallsalze zurückgehen. Travertin tritt häufig gebändert oder in rundlichen Strukturen auf. Als Ausfällungsgestein wird er an Thermalquellen ausgeschieden oder in Kalkhöhlen; dort bildet er Wandverkleidungen und Tropfsteine mit einer so genannten Flowstone-Varietät.

Calcit mit Eisenbändern

Calcitkristalle

Flowstone

STALAKTIT

KORNGRÖSSE: *breites Korngrößenspektrum*
HAUPTBESTANDTEILE: *Calcit*
NEBENBESTANDTEILE: *keine*
ENTSTEHUNG: *Ausfällung von Calcit aus kalkreichen Wässern*
ÄHNLICHE GESTEINE: *Kalktuff (oben) ist weniger dicht und poröser. Alabaster (S. 42) ist weicher.*

Steinkohle

KLEINE KOHLEGRUBEN *gibt es kaum noch, rentabler ist der Abbau nur noch in Großzechen oder im Tagebau.*

Dieses spezifisch leichte schwarze Gestein bildet sich unter Luftabschluss aus dicken Lagen abgestorbener Pflanzenmasse bei erhöhten Temperatur- und Druckbedingungen. Torf mit noch sichtbaren Pflanzenteilen ist die erste Stufe, dann folgt Braunkohle. In der Steinkohle sind die Pflanzensubstanzen zu Kohlenstoff umgewandelt; manchmal sind noch pflanzliche Spuren erkennbar. Je nach Inkohlungsgrad ist die Kohle erdig bis kompakt.

TORF

KORNGRÖSSE: *kleiner als 0,1 mm*
HAUPTBESTANDTEILE: *Kohlenstoff*
NEBENBESTANDTEILE: *fossile Pflanzenreste*
ENTSTEHUNG: *Ansammlung und Umwandlung pflanzlicher Substanz*
ÄHNLICHE GESTEINE: *Schwarzschiefer (S. 31) ist geschiefert. Lignit (unten) und Anthrazit (S. 41) brechen nicht in rechteckige Stücke.*

Braunkohle *Lignit*

RIESIGER *Braunkohlenbagger in einem deutschen Braunkohlerevier.*

Die Braunkohle steht vom Inkohlungsgrad her zwischen Torf und Steinkohle. Pflanzenreste sind deutlich erkennbar, und trotz der beträchtlichen Festigkeit krümelt Braunkohle. Leichter als andere Kohlen zeigt sie eine holzige Struktur. Während sich Steinkohlen in Formationen des Karbons finden, sind Braunkohlen viel jüngere Bildungen (Tertiär), aber dennoch wirtschaftlich bedeutend. In Deutschland wird Braunkohle großtechnisch im Tagebau gewonnen.

AUSSCHNITT

KORNGRÖSSE: *kleiner als 0,1 mm*
HAUPTBESTANDTEILE: *Kohlenstoff, pflanzliche Reste*
NEBENBESTANDTEILE: *keine*
ENTSTEHUNG: *Anhäufung pflanzlicher Substanzen*
ÄHNLICHE GESTEINE: *Andere Kohlearten enthalten kaum pflanzliche Substanzen.*

Anthrazit

BIG PIT, *eine Kohlegrube in Südwales (GB), fördert hochwertige Anthrazit-Kohle.*

Diese hochgradig inkohlte, schwarze und glänzende Kohlenart (»Glanzkohle«) färbt nicht ab und bricht mit muscheligem Bruch. Sie hat von allen Kohlen den höchsten Kohlenstoffgehalt (mindestens 91 %) und entzündet sich und brennt erst bei höheren Temperaturen. Fettkohle ist die häufigste im Ruhrgebiet abgebaute Kohle mit ca. 88 % Kohlenstoff; sie zeigt oft streifenförmige Struktur.

FETTKOHLE

KORNGRÖSSE: *kleiner als 0,1 mm*
HAUPTBESTANDTEILE: *Kohlenstoff*
NEBENBESTANDTEILE: *keine*
ENTSTEHUNG: *Anhäufung pflanzlicher Substanzen*
ÄHNLICHE GESTEINE: *Steinkohle (S. 40), färbt aber schwarz ab*

Bernstein

DIE OSTSEEKÜSTE *der baltischen Länder birgt die bedeutendsten Fundstätten für wertvollsten Bernstein.*

Dieses pflanzlich entstandene »Gestein« ist fossilisiertes Baumharz ehemaliger Nadelbäume. Bernstein ist weich, durchsichtig bis durchscheinend, orangefarbig, sehr leicht und kann daher schwimmen. Er ist berühmt für seine tierischen und pflanzlichen Einschlüsse (Insekten, Samen). Fundorte gibt es weltweit, maßgeblich sind jedoch die an der Ostsee.

KORNGRÖSSE: *nicht körnig*
HAUPTBESTANDTEILE: *Bernstein*
NEBENBESTANDTEILE: *Einschlüsse von Tieren und Pflanzenteilen*
ENTSTEHUNG: *ausgehärtetes Baumharz*
ÄHNLICHE GESTEINE: *Wird beim Erhitzen weich und brennt mit harzigem Geruch.*

EVAPORITE *einschließlich Steinsalz und Gipsgestein kristallisierten entlang der Uferstreifen am Toten Meer, dem salzreichsten See der Erde.*

Evaporite

Das bekannteste Gestein unter den Evaporiten ist Steinsalz. Es entsteht, wie alle anderen Evaporite, durch Eindampfen salzhaltiger Lösungen (meist Meerwasser). Steinsalz besteht aus dem Mineral Halit, ist farblos bis orange, auch grau, und ist wasserlöslich. Gipsgestein kommt in massigen weißen Lagen oft in Kalkmergeln vor oder gebändert als Alabaster. Kaliumsalzgesteine bestehen aus Kaliumsalzen wie Sylvin oder Carnallit, oft in Verbindung mit Halit. Sie sind körnig, rosa bis braun gefärbt und haben eine fettartige Konsistenz.

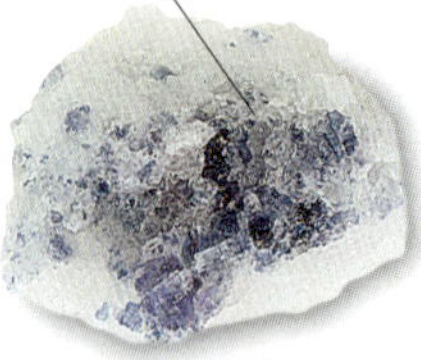

BLAUES STEINSALZ

KALIUMSALZGESTEIN

GIPSGESTEIN

KORNGRÖSSE: *nicht körnig bis 1 cm Größe*
HAUPTBESTANDTEILE: *Halit, Gips, Kaliumminerale*
NEBENBESTANDTEILE: *Tonminerale*
ENTSTEHUNG: *Eindampfung*
ÄHNLICHE GESTEINE: *Travertin (S. 39) und Marmor (S. 77), die aber härter sind, nach nichts schmecken und unlöslich sind.*

ANMERKUNG

Die in Evaporiten enthaltenen Minerale werden auf den Seiten 171–176 beschrieben. Viele treten zusammen auf. Einige bilden sich auch heute noch in Trockengebieten wie dem Toten Meer, andere findet man nur in geologisch alten Evaporiten, wie den 270 Millionen Jahre alten Ablagerungen von Staßfurt im Harz.

Magmatische Gesteine

Auf den folgenden Seiten werden die magmatischen Gesteine in der Reihenfolge Plutonite, Vulkanite und pyroklastische Gesteine vorgestellt. Plutonite erstarren sehr langsam aus heißem Magma innerhalb der Erdkruste und sind grobkörnig; Vulkanite wie diese Basaltsäulen des Giant's Causeway (Nordirland, unten) erkalten relativ rasch aus heißer Lava und sind feinkörnig; pyroklastische Gesteine bilden sich aus vulkanischen Auswurfprodukten. Die Gesteinsarten sind nach abnehmendem SiO_2-Gehalt geordnet, die sauren Gesteine zuerst, die basischen zuletzt.

GRANITPORPHYR

PERIDOTIT

BIMS

SCHNEEFLOCKEN-OBSIDIAN

Granit

FELSBURGEN *entstehen aus rundlich verwitternden Granitmassen; herausgewitterte Klüfte verleihen den Eindruck eines Bauwerks.*

Granit ist ein sehr häufiges und bekanntes Gestein. Wie bei anderen grobkörnigen Plutoniten kann man seine Hauptminerale meist mit bloßem Auge identifizieren; beim Granit sind es Quarz – meist rundliche glasartige Körner – sowie Feldspate. Letztere sind tendenziell eckig, davon ist Plagioklas meist weißlich und Alkalifeldspat rosa. Hornblende und Biotit, beide schwarz, sind die häufigsten dunklen Minerale. Im Granitporphyr sind einige der Feldspatkristalle, sog. Einsprenglinge, deutlich größer als die umgebenden Minerale. Granite bilden sich aus langsam abkühlendem, erstarrendem Magma, das in die Erdkruste eingedrungen ist.

HELLER GRANIT

HORNBLENDEGRANIT

GRANITPORPHYR

AUSSCHNITT

ANMERKUNG

Granit ist ein Hartgestein und findet häufig Verwendung als Naturbaustein, sowohl in Blockform wie als polierte Platten. Besonders gefragt sind porphyrische Granite und farblich attraktive Varietäten, z.B. rosa Granit. Bedeutende Lieferantenländer sind Italien, Südafrika und auch China und Indien.

KORNGRÖSSE: *2–5 mm, Einsprenglinge*
HAUPTBESTANDTEILE: *Quarz, Alkalifeldspat, Plagioklas*
NEBENBESTANDTEILE: *Biotit, Muskovit, Hornblende, Apatit*
ENTSTEHUNG: *Kristallisation sauren Magmas in einer großen Intrusion*
ÄHNLICHE GESTEINE: *Diorit (S. 48)*

Kugelgranit *Orbiculit*

KUGELGRANIT-BILDUNGEN *sind auf kleine Bereiche eines Granitplutons beschränkt.*

Dieses außergewöhnliche Gestein zeichnet sich durch eine Orbikulartextur aus, das sind konzentrisch um Fremdminerale oder Mineralaggregate herum angeordnete Kristalle im Granit. Die großen »Kugeln« sind dunkler als das Gestein selbst. Die schönsten Exemplare kommen aus Finnland. Man kennt dieselbe Textur in Kugeldioriten.

KUGELDIORIT

KORNGRÖSSE: *2–5 mm, Kugeln 2–20 cm*
HAUPTBESTANDTEILE: *Quarz, Plagioklas, Alkalifeldspat, Biotit*
NEBENBESTANDTEILE: *Hornblende*
ENTSTEHUNG: *konzentrisches Kristallwachstum im Granitmagma*
ÄHNLICHE GESTEINE: *eine Sonderform der Granite (S. 44).*

Schriftgranit

PEGMATITGÄNGE *mit Schriftgranit und Amazonit findet man im Pikes Peak, Colorado (USA).*

In manchen Graniten und auch in Pegmatiten (S. 46) sind die Minerale so miteinander verwachsen, dass geradkantige Quarzkristalle, die wie Hieroglyphen aussehen, wie auf einen Hintergrund aus Feldspäten aufgesetzt sind. Die Mineralogie besteht zu 30 % aus Quarz und 70 % aus Feldspat mit nur wenigen anderen Mineralen. Diese Textur entsteht, wenn beide Hauptminerale zeitgleich auskristallisieren.

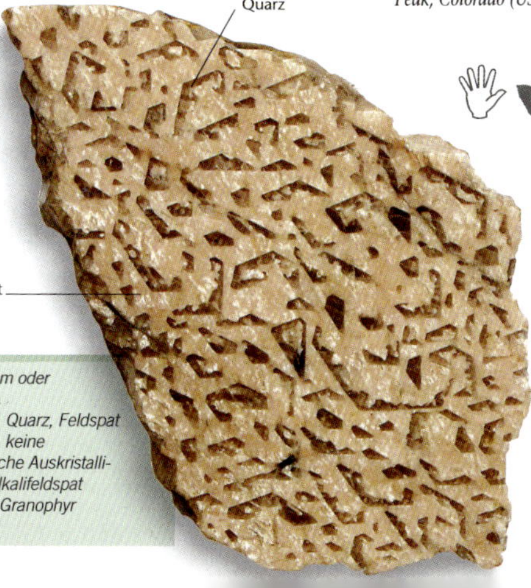

KORNGRÖSSE: *2–10 mm oder darüber*
HAUPTBESTANDTEILE: *Quarz, Feldspat*
NEBENBESTANDTEILE: *keine*
ENTSTEHUNG: *zeitgleiche Auskristallisation von Quarz und Alkalifeldspat*
ÄHNLICHE GESTEINE: *Granophyr (s. Mikrogranit, S. 47)*

Pegmatit

DUNKELGRAUER *Amphibolitgneis wird von einem Schwarm kleiner Pegmatitgänge durchschlagen. Typisch sind ihre unregelmäßigen Formen.*

Es sind sehr grobkörnige Gesteine meistens von granitischer Zusammensetzung. Das Korngrößenspektrum der Kristalle ist extrem breit gestreut, von mm-Größe bis mehrere Meter. Pegmatite sind helle Ganggesteine, die auf Gänge und Adern oder kleinere Bereiche eines Plutons begrenzt sind. Hauptminerale sind Quarz und Feldspate, doch können auch andere Minerale herrliche Kristalle ausbilden. So hat man Muskovit und andere Glimmer gefunden, deren Kristalle so groß wie Buchseiten waren. Pegmatite bergen häufig Edelsteine wie Smaragd, Aquamarin, Turmaline oder Topas. Auch Erzminerale werden aus Pegmatiten gefördert, darunter viele Industriemetalle wie Lithium, Zinn, Tantal oder Wolfram.

GRANITPEGMATIT

TURMALINPEGMATIT

GLIMMERPEGMATIT

KORNGRÖSSE: *5 mm bis mehrere Meter*
HAUPTBESTANDTEILE: *Quarz, Alkalifeldspat, Plagioklas*
NEBENBESTANDTEILE: *Glimmer, Apatit, Fluorit, Beryll, Turmalin, Cassiterit u.a.*
ENTSTEHUNG: *Kristallbildung aus übersättigten Lösungen in der Endphase der Granitbildung*
ÄHNLICHE GESTEINE: *Granit (S. 44)*

ANMERKUNG

Pegmatite sind manchmal mit Apliten vergesellschaftet, das sind mittel- bis feinkörnige Ganggesteine. Der Mineralbestand ist fast wie bei Granit (S. 44), jedoch mit nur wenig bis keinen Biotit- (S. 161), Hornblende- (S. 163) und anderen Dunkelmineralen. Wie die Pegmatite enthalten Aplite Topas (S. 178) und Turmalin (S. 180, 181).

Mikrogranit

Dieses Gestein ist identisch mit Granit bis auf die kleine Korngröße und den Bildungsort, der sich auf kleinere Lagergänge und Gänge beschränkt. Auch sind, wie bei Granit, porphyrische Varietäten häufig. In einem Granophyr sind Quarz und Feldspate wie im Schriftgranit (S. 45) verwachsen – allerdings viel kleiner –, was aber nur mithilfe einer Handlupe sichtbar ist.

STARK ZERKLÜFTETER *Mikrogranit in einem Tagebau des Threlkeld-Bergbaumuseums in Cumbria (England).*

GRANOPHYR

KORNGRÖSSE: *0,1–2 mm*
HAUPTBESTANDTEILE: *Quarz, Alkalifeldspat, Plagioklas*
NEBENBESTANDTEILE: *Glimmer, Hornblende, Apatit*
ENTSTEHUNG: *Kristallbildung aus einem sauren Magma einer kleinen Intrusion*
ÄHNLICHE GESTEINE: *Granit (S. 44)*

Greisen

Dieses Gestein entsteht durch die chemische Einwirkung heißer Lösungen auf ein Granitgestein im Endstadium der Kristallisation. Es ist ein grob- bis mittelkörniges Gemenge aus Muskovit und Quarz, untergeordnet Fluorit und typische Pegmatitminerale. Ähnliche Gesteine bestehen aus Quarz- und Turmalin-Mischungen. Alle diese Greisenarten kommen vor allem in Gängen, Adern und Randbereichen von Granitplutonen vor.

GREISEN *werden häufig von unregelmäßig geformten Quarzadern durchschlagen und führen bisweilen Erzminerale.*

KORNGRÖSSE: *2–5 mm*
HAUPTBESTANDTEILE: *Quarz, Muskovit*
NEBENBESTANDTEILE: *Fluorit, Turmalin, Topas, Beryll, Apatit*
ENTSTEHUNG: *chemische Veränderung eines Granits durch heiße Lösungen*
ÄHNLICHE GESTEINE: *Glimmerschiefer (S. 78) tritt großflächig auf; Aplit (s. Anmerkung S. 46)*

SÄULIGE *Absonderung in einem mächtigen Felsitgang an der Nordküste der Isle of Eigg, Schottland.*

Felsit

Der Begriff Felsit ist allgemein gefasst und bezeichnet mittel- bis feinkörnige, helle (rosa, beige, grau) magmatische Gesteine aus kleinen Intrusionen. Das Gestein durchziehen Klüfte, die vertikal und parallel zu den Intrusionswänden ausgerichtet sind. Felsite können ein porphyrisches Gefüge haben mit kleinen Quarzeinsprenglingen oder kugelige Strukturen aufweisen.

KORNGRÖSSE: *kleiner als 2 mm*
HAUPTBESTANDTEILE: *Quarz, Feldspäte*
NEBENBESTANDTEILE: *keine*
ENTSTEHUNG: *Kristallisation aus einem sauren bis intermediären Magma einer kleinen Intrusion*
ÄHNLICHE GESTEINE: *Rhyolith (S. 56), Dazit (S. 59) und Porphyr (S. 60)*

DIORIT *und Granodiorit kommen hier in den Zentralalpen nebeneinander in großen Plutonen vor.*

Diorit

Dieses intermediäre, grobkörnige Gestein setzt sich zu etwa gleichen Anteilen aus weißem Plagioklas und dunkler Hornblende zusammen; weitere Dunkelminerale umfassen Biotit und Augit. Sind kleine Mengen Quarz und Alkalifeldspat beigemischt, handelt es sich um Granodiorit, bei größeren Anteilen davon um Granit. In großen Plutonen kommen alle drei Gesteinsarten zusammen vor.

AUSSCHNITT

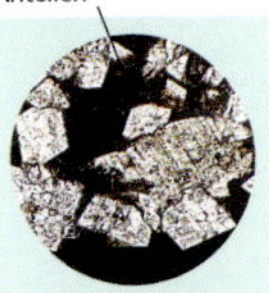

DÜNNSCHLIFF

KORNGRÖSSE: *2–5 mm*
HAUPTBESTANDTEILE: *Plagioklas, Hornblende*
NEBENBESTANDTEILE: *keine*
ENTSTEHUNG: *Kristallisation aus einem intermediären Magma einer großen Intrusion*
ÄHNLICHE GESTEINE: *Syenit (S. 49) enthält mehr Alkalifeldspat*

Syenit

SCHWANKENDE *Korngrößen und Mineralbestände sind typisch in diesem Syenit-Aufschluss.*

Syenite sind vielfarbige, attraktive Gesteine und werden gerne, rau oder poliert, als Naturbausteine verbaut, wie z.B. dieser dunkle Larvikit aus Norwegen (links). Hauptmineral ist Alkalifeldspat, der von vielerlei anderen Mineralarten begleitet werden kann, u.a. Plagioklas, Biotit, Pyroxen, Amphibolen, Quarz oder Nephelin.

polierte Oberfläche mit attraktiver Zeichnung

LARVIKIT

KORNGRÖSSE: *2–5 mm*
HAUPTBESTANDTEILE: *Alkalifeldspat, Pyroxen, Amphibol*
NEBENBESTANDTEILE: *Plagioklas, Biotit*
ENTSTEHUNG: *Kristallisation aus einem alkalischen, intermediären Magma einer großen Intrusion*
ÄHNLICHE GESTEINE: *Diorit (S. 48)*

Nephelinsyenit

NEBEN NEPHELIN *erhält dieser Nephelinsyenit Alkalifeldspat, Pyroxen, Sodalith und Andradit.*

Sowohl Nephelin als auch Alkalifeldspat sind Hauptminerale im Nephelinsyenit. Dieses intermediäre Gestein kann aber eine Reihe weiterer Minerale enthalten, darunter exotische und attraktive wie Eudialyt (S. 184). Nephelin ist meist bräunlich-weiß mit kubischen Kristallen, Alkalifeldspat ist weiß und rechteckig. Als Pyroxenmineral kann Ägirin, als Amphibolmineral Arfvedsonit zugegen sein. Beide Minerale enthalten reichlich Natrium.

AUSSCHNITT

KORNGRÖSSE: *2–5 mm*
HAUPTBESTANDTEILE: *Alkalifeldspat, Nephelin*
NEBENBESTANDTEILE: *Ägirin, Biotit, Arfvedsonit*
ENTSTEHUNG: *Kristallisation aus einem SiO_2-armen, intermediären Magma*
ÄHNLICHE GESTEINE: *Syenit (oben)*

Gabbro

IM GESCHICHTETEN *Intrusionskomplex von Cuillins, Insel Skye (Schottland), tritt auch Gabbro auf.*

Dunkles, grobkörniges Gestein aus dunkelgrünem Pyroxen (Augit sowie etwas Orthopyroxen), mit weißem oder grünlichem Plagioklas sowie schwarzen, millimetergroßen Magnetitkristallen und/oder Ilmenit. Gabbros kommen in Gängen vor, in herausgehobenen Bereichen ozeanischer Kruste, den Ophiolithen, sowie in Kumulatgesteinen (S. 51) von geschichteten Intrusionen.

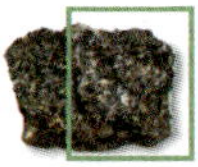

AUSSCHNITT

LEUKOGABBRO

KORNGRÖSSE: *2–5 mm*
HAUPTBESTANDTEILE: *Plagioklas, Augit, Magnetit*
NEBENBESTANDTEILE: *Olivin*
ENTSTEHUNG: *Kristallisation aus einem basischen Magma einer großen Intrusion*
ÄHNLICHE GESTEINE: *Diorit (S. 48) enthält als Hauptmineral Hornblende (S. 163).*

Dolerit

VERWITTERTER DOLERIT *oder Diabas in einem Gang mit dunklen Kontaktsäumen.*

Mittelkörniges Gestein derselben Zusammensetzung wie Gabbro. Es tritt in kleineren Intrusionen, Gängen und Lagergängen auf. Kleinkörnige, stängelige Plagioklase sind in einer gröberen Pyroxenmatrix eingebettet. Rundlicher Olivin ist relativ häufig, er verwittert rasch zu orangebraunen Flecken. Dolerit ist hart und schwer, poliert wird er oft als Bau- oder Grabstein verwendet, rau dagegen im Straßenbau als Pflasterstein.

KORNGRÖSSE: *0,1–2 mm*
HAUPTBESTANDTEILE: *Plagioklas, Augit, Magnetit*
NEBENBESTANDTEILE: *Olivin*
ENTSTEHUNG: *Kristallisation aus einem basischen Magma einer großen Intrusion*
ÄHNLICHE GESTEINE: *Basalt (S. 61) tritt in Lavaströmen auf und enthält Gasblasen.*

Kumulatgesteine

Dieser Sammelbegriff umfasst eine Reihe von Gesteinsarten, die im Umfeld von sog. »geschichteten Intrusionen« gebildet werden; sie sind überwiegend basischer Natur. Jeder Gesteinstyp besteht aus einem oder mehreren grobkörnigen Mineralen, die in Lagen angeordnet sind. Je nach Bildungsbedingungen sind Lagen vom mm- bis 100 m-Bereich möglich. Die Hauptminerale sind Olivin, Augit, Orthopyroxen, Plagioklas, Chromit und Magnetit, aber auch viele andere wie Apatit und Alkalifeldspat sind bekannt geworden. Je nach Mineralbestand tragen die zugehörigen Gesteine Namen wie z.B. Norit, Troktolith oder Serpentinit.

GESCHICHTETE LAGEN *aus Magnetit und Anorthosit bilden die Kumulatgesteine des Bushveld-Komplexes in Südafrika.*

AUSSCHNITT

NORIT

TROKTOLITH (»FORELLENSTEIN«)

CHROMIT-SERPENTINIT

KORNGRÖSSE: *2–5 mm*
HAUPTBESTANDTEILE: *Olivin, Plagioklas, Ortho- und Klinopyroxen, Magnetit*
NEBENBESTANDTEILE: *Chromit, Sulfiderzminerale, Minerale der Platingruppe*
ENTSTEHUNG: *Kristallisation in einer geschichteten Intrusion*
ÄHNLICHE GESTEINE: *Gabbro (S. 50)*

ANMERKUNG

Weitere Kumulatgesteine: Troktolith (Plagioklas S. 166, 167; Olivin S. 159), Norit (Plagioklas; Orthopyroxen S. 162), Chromitit (Chromit S. 141), Magnetit (S. 126). Andere Gesteine, die Kumulatgesteine hervorbringen können, sind Gabbro (S. 50), Dunit (S. 52), Anorthosit und Pyroxenit (S. 53).

DIESER AUFSCHLUSS *auf Zypern ist von Chrysotil-Adern durchzogen und zeigt den Gegensatz von frischem und verwittertem Dunit.*

Dunit

Grünes oder braunes, grobkörniges Gestein, das fast ganz aus Olivin aufgebaut ist und kleine Kristalle aus schwarzem Chromit oder Magnetit enthält. Wenn es magnetithaltig ist, wird es manchmal auch Olivinit genannt. Dunite kommen als Kumulatgesteine in geschichteten Intrusionen vor, aber auch in Pipes (Durchschlagsröhren) und unregelmäßig geformten Intrusionen. Dunit verwittert zu Serpentinit.

AUSSCHNITT

KORNGRÖSSE: *2–5 mm*
HAUPTBESTANDTEILE: *Olivin*
NEBENBESTANDTEILE: *Serpentin*
ENTSTEHUNG: *Kristallisation aus einem ultrabasischen Magma einer großen Intrusion*
ÄHNLICHE GESTEINE: *Peridotit (unten) enthält weniger Olivin (S. 159).*

RUND UM OMAN *überragen dunkle Felsen aus Peridotit die Umgebung.*

Peridotit

Das Gestein besteht zu 50–90 % aus Olivin. Es ist grobkörnig, hell- bis dunkelgrün und enthält gewöhnlich Pyroxen. Anders als Olivin zeigen Pyroxenkristalle unter der Lupe eine deutlich sichtbare Spaltbarkeit. Peridotit stellt einen Gutteil der Masse des Erdmantels; Brocken davon erreichen die Erdoberfläche in Basaltmagmen oder Kimberlit-Pipes (S. 54). Er bildet Kumulatgesteine (S. 51).

GRANATPERIDOTIT

KORNGRÖSSE: *2–5 mm*
HAUPTBESTANDTEILE: *Olivin, Pyroxen*
NEBENBESTANDTEILE: *Chromit, Serpentin, Spinell, Amphibol, Granat*
ENTSTEHUNG: *Kristallisation aus einem ultrabasischen Magma oder aus dem Erdmantel*
ÄHNLICHE GESTEINE: *Pyroxenit (S. 53) zeigt eine deutliche Spaltbarkeit.*

Anorthosit

EINE LAGE *aus weißem Anorthosit über verwittertem Gabbro des Bushveld-Komplexes in Südafrika.*

Ein grobkörniges Gestein mit mehr als 90 % Feldspatanteil, während Pyroxen meist den kleinen Rest ausmacht. Anorthosit ist weiß oder grau, kann aber auch grün sein; seine Struktur ist körnig. Er bildet Kumulatgesteine in geschichteten Intrusionen, außerdem kommt er in großen metamorphen Gabbro-Anorthositkomplexen des Präkambriums vor.

KORNGRÖSSE: *2–5 mm*
HAUPTBESTANDTEILE: *Plagioklas*
NEBENBESTANDTEILE: *Pyroxen, Magnetit*
ENTSTEHUNG: *Kristallisation aus einem basischen Magma einer großen Intrusion*
ÄHNLICHE GESTEINE: *Marmor (S. 77) ist weicher und reagiert mit verdünnter Säure.*

Pyroxenit

INNERHALB DER *Rum-Intrusion in Schottland bilden Pyroxenite harte, widerstandsfähige Lagen.*

Grobkörniges Gestein, das mindestens zu 90 % aus Orthopyroxen, Klinopyroxen oder beiden zusammengesetzt ist. Es ist sehr hart und schwer, die Farbe kann hell- bis dunkelgrün oder schwarz sein und die Oberfläche verwittert zu einem rostigen Braun. Als Teil einer geschichteten Intrusion kann Pyroxenit Olivin und Oxidminerale enthalten, in alkalischen Intrusionen Nephelin.

KORNGRÖSSE: *2–5 mm*
HAUPTBESTANDTEILE: *Pyroxen*
NEBENBESTANDTEILE: *Plagioklas, Sulfide, Platin-Minerale*
ENTSTEHUNG: *Kristallisation aus einem basischen Magma einer großen Intrusion*
ÄHNLICHE GESTEINE: *Serpentinit (S. 72) ist weicher und feinkörnig.*

DURCH DIE *grobe Klüftung setzt sich dieser Lamprophyrgang vom umgebenden Gestein ab.*

Lamprophyr

Im frischen Zustand ist das typische Ganggestein schwarz; häufig jedoch ist es hydrothermal verändert und verwittert zu braunen, grünen oder gelben Farben. Als porphyrisches Gestein enthält es dunkle Einsprenglinge von Glimmer und/oder Amphibol, niemals aber von Feldspat. Häufige Varietäten sind Alnöit (mit Phlogopit-, Augit- und Olivin-Einsprenglingen) und Minette (nur Phlogopit).

VERWITTERTER LAMPROPHYR

KORNGRÖSSE: *0,1–2mm*
HAUPTBESTANDTEILE: *Hornblende, Biotit*
NEBENBESTANDTEILE: *Titanit*
ENTSTEHUNG: *Kristallisation aus einem alkalischen Magma einer kleinen Intrusion*
ÄHNLICHE GESTEINE: *Dolerit (S. 50) enthält weder Biotit (S. 161) noch Hornblende (S. 163).*

„BIG HOLE" *bei Kimberley (Südafrika) ist eine aufgelassene Diamantenmine in einer riesigen Kimberlit-Pipe.*

Kimberlit

Ein sehr seltenes Gestein, das dafür bekannt ist, dass es Diamanten enthalten kann. Es kommt in Gängen vor sowie in Pipes oder Diatremen (Durchschlagsröhren) bis zu 1 km Durchmesser. Frisch ist Kimberlit blaugrün, verwittert gelb. Er ist grob- bis feinkörnig und enthält Gesteinsbruchstücke oder Breccien. Häufig sind Einsprenglinge von purpurrotem Pyrop, hellgrünem chromreichem Diospid, Chromit, Calcit und Phlogopit.

AUSSCHNITT

VERWITTERTER KIMBERLIT

KORNGRÖSSE: *breites Korngrößenspektrum*
HAUPTBESTANDTEILE: *Serpentin, Phlogopit, Calcit, Chromit*
NEBENBESTANDTEILE: *chromreicher Diopsid, Almandin, Diamant*
ENTSTEHUNG: *explosiver Auswurf flüssig-gasförmiger Anteile des Erdmantels*
ÄHNLICHE GESTEINE: *Tuff (S. 65)*

Carbonatit

CARBONATITE *sind wirtschaftlich wertvoll wie hier die Phalaborwa-Kupfermine in Südafrika.*

Carbonatit ist ein sehr ungewöhnliches Gestein, denn sein Gehalt von über 50 % Carbonatmineralen – Calcit, Dolomit, Siderit – lässt nicht an ein magmatisches Gestein denken. Es sieht wie Marmor aus: grobkörnig als Plutonit, feinkörnig als Vulkanit. Das Gestein ist cremefarbig, gelb oder braun und kann Phlogopit, Magnetit (oft als achteckige Kristalle) und Seltenerdminerale wie z.B. Pyrochlor enthalten. Es kommt in Gebieten kontinentaler Gräben vor.

KORNGRÖSSE: *breites Korngrößenspektrum*
HAUPTBESTANDTEILE: *Calcit und/oder Dolomit; Siderit*
NEBENBESTANDTEILE: *Magnetit, Apatit, Phlogopit, Seltenerdminerale*
ENTSTEHUNG: *Kristallisation aus einem carbonatreichen Magma, z.T. aus dem Erdmantel*
ÄHNLICHE GESTEINE: *Kalkstein (S. 32)*

Xenolithe

RUNDE, *dunkle Xenolithe sind hier in dieses Dioritgestein eingebettet.*

Magmen führen häufig Fremdgesteinsbrocken aus dem Gestein mit sich, das sie bei der Intrusion durchdringen. Nach dem Abkühlen des Magmas bleiben diese Einschlüsse als Xenolithe in dem erstarrten Gestein bestehen. Sie haben oft eine rundliche Form, beliebige Größen und können kontaktmetamorph überprägt sein.

PERIDOTITXENOLITH

KORNGRÖSSE: *beliebige Größe*
HAUPTBESTANDTEILE: *Durchdringungsgestein*
NEBENBESTANDTEILE: *an den Rändern kontaktmetamorphe Minerale*
ENTSTEHUNG: *vom durchdrungenen Nebengestein aufgenommene Stücke*
ÄHNLICHE GESTEINE: *Vulkanische Breccie (S. 62), die jedoch eckig ist*

Rhyolith

SNOWDON, *der höchste Berg in Wales, besteht aus alten Lavaströmen aus Rhyolith von begrenzter Ausdehnung.*

Helles, feinkörniges vulkanisches Gestein, das meist aus großteils vulkanischem Glas aufgebaut ist. Quarz-, Feldspat- und Glimmermikrokristalle sind eingestreut, sind aber mit bloßem Auge nicht zu erkennen. Manchmal sind Rhyolithe porphyrisch ausgebildet, mit Quarz- und/oder Feldspateinsprenglingen in Millimetergröße. Das granitisch zusammengesetzte Magma, aus dem der Rhyolith kristallisiert, ist sehr zäh, weshalb Fließtexturen häufig zu sehen sind, vor allem auf verwitterten Oberflächen. Entglasungsprozesse lassen zentimetergroße, radialstrahlige Kristalle in Kugelform entstehen: Dann liegt ein sphärolithischer Rhyolith vor.

GEBÄNDERTER RHYOLITH

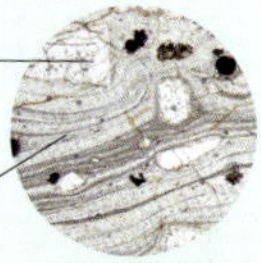

DÜNNSCHLIFF

KORNGRÖSSE: *kleiner als 0,1 mm*
HAUPTBESTANDTEILE: *Quarz, Alkalifeldspat, Plagioklas*
NEBENBESTANDTEILE: *keine*
ENTSTEHUNG: *Auswurf von saurem, zähflüssigem Magma*
ÄHNLICHE GESTEINE: *Andesit (S. 58) und Dazit (S. 59) sind dunkler.*

ANMERKUNG

Die hohe Viskosität von rhyolithischem Magma hat noch weitere Effekte. Die Lava fließt kaum von ihrer Quelle fort und formt Staukuppen. Der in Magma entstandene Gasdruck kann zu explosiven Vulkanausbrüchen führen. Daher ist Rhyolith oft mit pyroklastischen Gesteinen wie Tuff vergesellschaftet.

Pechstein

UNREGELMÄSSIG *geformter, an den Rändern dunkel gefärbter Pechsteingang durchschneidet hier braun verwitterte Basaltlava.*

Dieses saure vulkanische Glas ist meist grün, kommt aber auch in gelb, rot, braun und schwarz vor. Es bricht mit ebenen oder muscheligen Bruchflächen. Kleine Feldspat- oder Pyroxeneinsprenglinge sind möglich. Pechstein kommt in kleinen Intrusionen vor sowie als basale Lage in Rhyolith- und Dazit-Lavaströmen.

PORPHYRISCHER PECHSTEIN

KORNGRÖSSE: *nicht körnig*
HAUPTBESTANDTEILE: *vulkanisches Glas*
NEBENBESTANDTEILE: *Quarz-, Feldspat-Einsprenglinge*
ENTSTEHUNG: *Auswurf und rasches Abkühlen von saurem, zähflüssigem Magma*
ÄHNLICHE GESTEINE: *Obsidian (unten)*

Obsidian

OBSIDIANAUFSCHLUSS *auf Island, wo saure magmatische Gesteine eher selten sind.*

Dieses saure, schwarze vulkanische Glas mit typischem muscheligem Bruch entsteht bei schneller Abkühlung einer sauren Lava; es tritt häufig zusammen mit Bims (S. 66) auf. Wegen der scharfen Bruchkanten ist Obsidian von alters her ein beliebter Werkstein (Speerspitzen, Messer). Schneeflockenobsidian enthält kleine weiße radialstrahlige Flecken (Sphärolithe) in Zentimetergröße.

SCHNEEFLOCKENOBSIDIAN

KORNGRÖSSE: *nicht körnig*
HAUPTBESTANDTEILE: *vulkanisches Glas*
NEBENBESTANDTEILE: *keine*
ENTSTEHUNG: *Auswurf und rasches Abkühlen von saurem, zähflüssigem Magma*
ÄHNLICHE GESTEINE: *Industrielles Glas ist weicher.*

BLOCKIG *geklüftete Andesite eines Lavafelds auf der kanarischen Insel Lanzarote.*

Andesit

Dieses intermediäre Vulkangestein ist nach den Anden benannt; es ist gewöhnlich grau und porphyrisch. Als Einsprenglinge sind Plagioklas, Pyroxen, Hornblende und Biotit vorhanden, die auch die feinkörnige Grundmasse aufbauen. Viele Lavafelder von Andenvulkanen bestehen aus blockigem oder säuligem Andesit.

PORPHYRISCHER ANDESIT

KORNGRÖSSE: *kleiner als 0,1 mm*
HAUPTBESTANDTEILE: *Plagioklas*
NEBENBESTANDTEILE: *Pyroxen, Amphibol*
ENTSTEHUNG: *Auswurf oder Ausfluss eines intermediären Magmas*
ÄHNLICHE GESTEINE: *schwer von Dazit (S. 59) zu unterscheiden*

EIN *aufgewölbter Dom aus Trachyt bildet diesen Vulkan auf Teneriffa.*

Trachyt

Als vulkanisches Gegenstück zum Syenit (S. 49) wird Trachyt von Alkalifeldspat dominiert – sowohl in der Grundmasse als auch in Form vieler Einsprenglinge, die die ehemalige Fließrichtung nachzeichnen. Die einst gasreiche Lava hat oft eine blasige Struktur erzeugt. Trachyte kommen auch als Pyroklastite vor. Die Farbe ist grau, Streifung ist häufig.

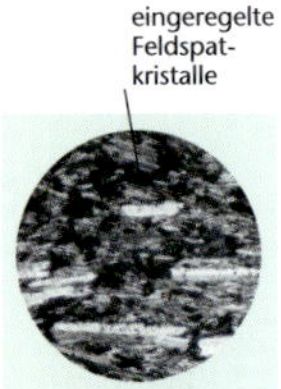

DÜNNSCHLIFF

KORNGRÖSSE: *kleiner als 0,1 mm*
HAUPTBESTANDTEILE: *Alkalifeldspat, Plagioklas*
NEBENBESTANDTEILE: *Pyroxen, Amphibol, Biotit*
ENTSTEHUNG: *Auswurf oder Ausfluss eines intermediären Alkalimagmas*
ÄHNLICHE GESTEINE: *andere Porphyre*

Dazit

DAZITLAVA *und -pyroklastika bauen hauptsächlich den Vulkan am Crater Lake in Oregon (USA) auf.*

Seine Zusammensetzung liegt zwischen Rhyolith und Andesit. Rosa und Grau dominieren als Farbe, Fließstreifung ist häufig. Porphyrische Ausprägung ist verbreitet mit Einsprenglingen aus Quarz und/oder Plagioklas. Dazite treten zusammen mit Rhyolithen in kontinentalen Vulkangebieten auf, mit Andesiten an aktiven Kontinentalrändern.

KORNGRÖSSE: *kleiner als 0,1 mm*
HAUPTBESTANDTEILE: *Plagioklas, Quarz*
NEBENBESTANDTEILE: *Pyroxen, Amphibol, Biotit*
ENTSTEHUNG: *Auswurf oder Ausfluss eines intermediären Magmas*
ÄHNLICHE GESTEINE: *schwer von Andesit (S. 58) zu unterscheiden*

Phonolith

DEVIL'S TOWER *ist eine Quellkuppe in Wyoming (USA). Erosion hat das Phonolithgestein freigelegt.*

Dieses Gestein klingt, wenn man mit dem Hammer dagegen schlägt – daher hat es seinen Namen bekommen. Es ist das vulkanische Gegenstück zum Nephelinsyenit (S. 49), und wie dieser enthält es ungewöhnliche Mineralarten. Porphyrischer Phonolith weist schöne Kristalle von Sodalith, Hauyn oder Leucit auf. Phonolithe können in Lavaströmen, kleinen Intrusionen und als Pyroklastite auftreten; die Vorkommen sind begrenzt auf kontinentale Grabenzonen und ozeanische Inseln.

AUSSCHNITT

KORNGRÖSSE: *kleiner als 0,1 mm*
HAUPTBESTANDTEILE: *Alkalifeldspat, Nephelin*
NEBENBESTANDTEILE: *Leucit*
ENTSTEHUNG: *Auswurf oder Ausfluss eines SiO_2-armen, intermediären Magmas*
ÄHNLICHE GESTEINE: *andere intermediäre und basische Lavagesteine, aber seltener*

Porphyr

DIESE *Feldspateinsprenglinge in einem Granitporphyr zeigen deutlich die während des Lavaausflusses entstandene Fließtextur.*

Dieser Name bezeichnet magmatische Gesteine, die Minerale enthalten, die sowohl die größeren Einsprenglinge als auch die kleinen Kristalle der Grundmasse aufbauen. Das betrifft häufig Gesteine mit fein- bis mittelkörniger Grundmasse, die in kleinen Intrusionen oder Lavaströmen zu finden sind. Der porphyrische Charakter drückt sich im Gesteinsnamen als zusätzliche Silbe aus: »Porphyr« kann sich auf den Mineralbestand beziehen, z.B. Quarzporphyr (enthält Quarzeinsprenglinge), auf die chemisch-mineralische Zusammensetzung, z.B. Rhyolithporphyr, oder auf die Kristallstruktur, z.B. Rhombenporphyr. Letzterer enthält Feldspate in Rhombenform.

AUSSCHNITT

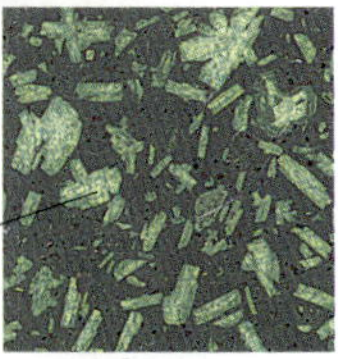

GRÜNER PORPHYR

RHOMBENPORPHYR

ANMERKUNG

Porphyre werden wegen ihrer Härte und Attraktivität schon seit der Antike als Pflaster- und Dekorationssteine verwendet. Ein purpurner Porphyr aus Ägypten, der »Imperialporphyr«, war bei den römischen Kaisern beliebt. Grüner Porphyr (oben) wurde ebenfalls im Alten Rom verbaut; er kam aus Griechenland.

KORNGRÖSSE: *Grundmasse kleiner als 0,1 mm, Einsprenglinge bis 2 mm*
HAUPTBESTANDTEILE: *Einsprenglinge*
NEBENBESTANDTEILE: *keine*
ENTSTEHUNG: *zweiphasige Kristallisation eines Magmas*
ÄHNLICHE GESTEINE: *jede Form von Lava oder kleinräumigem Intrusivgestein*

Basalt

EINDRUCKSVOLL *erstarrte Basaltsäulen an der Fingal-Höhle in Staffa (Schottland).*

Basalt ist das häufigste Vulkangestein der Erde. Fast die gesamte ozeanische Erdkruste besteht daraus, ebenso riesige Flutbasalte an Land. Es sind feinkörnige Gesteine, die frisch schwarz sind und zu grünen und braunen Farben verwittern. Einige Basalte sind porphyrisch mit Feldspat-, Augit- und Olivineinsprenglingen. Gasblaseneinschlüsse verleihen ihnen eine blasige Textur; die Hohlräume können mit Mineralen gefüllt sein (»Mandelsteinbasalt«). Basaltlava ist außen wulstig und glatt (Pahoehoe-Lava) oder blockig und rau (Aa-Lava).

AUSSCHNITT

VESIKULARBASALT

PORPHYRISCHER BASALT

MANDELSTEINBASALT

KORNGRÖSSE: *kleiner als 0,1 mm*
HAUPTBESTANDTEILE: *Plagioklas, Augit, Magnetit*
NEBENBESTANDTEILE: *Olivin, Zeolithe*
ENTSTEHUNG: *Ausfluss eines basischen, dünnflüssigen Magmas*
ÄHNLICHE GESTEINE: *Dolerit (S. 50) ist grobkörniger.*

ANMERKUNG

Flut- oder Plateaubasalte bedecken als riesige Lavaströme große Gebiete der Erde in Sibirien, Indien, Nord- und Südamerika. Sie bilden die größten Vulkangesteinsmassen der Landoberfläche und gehören zum Typ Tholeiitbasalt mit hübschen Mineralen der Zeolithgruppe und verwandten Mineralen.

SCHLACKENKEGEL *können große Mengen an Schlacke hervorbringen.*

Schlacke

Die Oberfläche eines Lavastroms wird von einer rauen, sehr porösen Haut gebildet, der Schlacke. Sie gleicht blasenreicher Lava, ist normalerweise aber braun verwittert und bildet derbe Massen aus Fladen, losem Schutt und Grus. Schlacken sind verbreitet in Gebieten mit aktivem Vulkanismus wie in Italien (Ätna, Vesuv) und auf den Kanaren. Die Zusammensetzung ist meist basaltisch bis intermediär.

AUSSCHNITT

KORNGRÖSSE: *kleiner als 0,1 mm*
HAUPTBESTANDTEILE: *Basalt*
NEBENBESTANDTEILE: *keine*
ENTSTEHUNG: *raue Oberfläche eines basaltischen Lavastroms*
ÄHNLICHE GESTEINE: *Basalt (S. 61) ist festes Vulkangestein.*

DUNKELROTE, *blasige und purpurne, nicht blasige Lava mit Fließtextur bilden diese vulkanische Breccie.*

Vulkanische Breccie

Ein Brecciengestein, entstanden durch gegenseitige Einwirkung von Lava und Schlacke oder durch Vermischung von abgekühlter Lava mit heißer, fließender Lava. Es besteht aus eckigen, oft blasigen Lavabruchstücken in Zentimetergröße in einer kompakteren Matrix. Bildungsort ist in der Regel die Lavastromoberfläche; deshalb trennt die Breccie häufig verschiedene Lavaströme voneinander.

AUSSCHNITT

KORNGRÖSSE: *kleiner als 0,1 mm, Bruchstücke 0,5–20 cm*
HAUPTBESTANDTEILE: *Basalt*
NEBENBESTANDTEILE: *vulkanisches Glas, Spilit*
ENTSTEHUNG: *Vermischung flüssiger und fester Lavamassen während der Kristallisation*
ÄHNLICHE GESTEINE: *Agglomerat (S. 64)*

Kissenlava

Bei untermeerischen Basaltausflüssen ballt sich die Lava zu Rundblöcken mit einer dünnen, festen Kruste zusammen. Diese »Kissen« sind in der Regel 0,2–1 m im Durchmesser und stapeln sich übereinander an. Das basaltische Material weist abgekühlte Säume mit feinkörniger Struktur auf. Manchmal enthalten die Kissen radial angeordnete Blasen. Die Kissenzwischenräume füllen raues Basaltmaterial oder Quarz aus.

SPITZ *zulaufende Unter- und rundliche Oberseiten dieser Kissenlava zeigen dieselbe Orientierung, als wäre die Lava ausgelaufen.*

VOLLSTÄNDIGES KISSEN

KORNGRÖSSE: *kleiner als 0,1 mm, Kissen 0,1–1 m*
HAUPTBESTANDTEILE: *Basalt*
NEBENBESTANDTEILE: *Spilit*
ENTSTEHUNG: *untermeerische Erstarrung eines basischen Magmas*
ÄHNLICHE GESTEINE: *Kissenlava ist eine Mischung aus Basalt (S. 61) und Spilit (unten).*

Spilit *Diabas*

Mineralogisch veränderter Basalt, meist durch Reaktion mit Meerwasser. Calciumreicher Plagioklas wandelt sich zu natriumreicherem Albit um. Die Säume von Kissenlava (oben) bestehen oft daraus. Auch die Basalte an untermeerischen vulkanischen Quellen wandeln sich durch die heißen Lösungen zu Spilit um. Spilit ist heller als Basalt, von Calcit- oder Chalcedonadern durchzogen.

SPILIT *entsteht durch Einwirkung von Meerwasser auf heiße Lava, wie hier auf Hawaii.*

EISENREICHER SPILIT

KORNGRÖSSE: *kleiner als 0,1 mm*
HAUPTBESTANDTEILE: *Plagioklas (Albit), Augit, Magnetit*
NEBENBESTANDTEILE: *keine*
ENTSTEHUNG: *durch Meerwasser veränderter Basalt*
ÄHNLICHE GESTEINE: *Basalt (S. 61) ist dunkler und härter.*

Vulkanisches Agglomerat

GROBKÖRNIGE *Bruchstücke unterschiedlicher Herkunft können sich zu Agglomeraten zusammenballen.*

Pyroklastisches Gestein, in dem große, gerundete Klasten im Zentimeterbereich in einer Grundmasse aus Lava oder Asche eingebettet sind. Die Klasten bestehen aus Lava oder pyroklastischem Gestein, können aber auch dem Gestein entstammen, dem der Vulkan aufsitzt. Die Zurundung der Klasten kann während der Eruptionsvorgänge im Magma oder durch spätere Resedimentation erfolgt sein.

CARBONATIT-AGGLOMERAT

KORNGRÖSSE: *kleiner als 0,1 mm, Klasten 0,5–20 cm*
HAUPTBESTANDTEILE: *Bruchstücke magmatischer Gesteine*
NEBENBESTANDTEILE: *Umgebungsgestein*
ENTSTEHUNG: *pyroklastische Zusammenballung groben Materials*
ÄHNLICHE GESTEINE: *Schlotbreccie (unten)*

Schlotbreccie

HAUPT- *wie Nebenkrater können von Schlotbreccien verfüllt sein.*

Diese Gesteinsart verschließt oft Haupt- und/oder Nebenschlote eines Vulkans. Die Ausbisse erscheinen auf einer geologischen Karte kreisförmig und sind von begrenzter Ausdehnung. Das feinkörnige Gestein selbst wird von Bruchstücken verschiedener Größe, Form und Zusammensetzung aufgebaut, die der Lava, dem Umgebungsgestein des Vulkans und sogar anderen Vulkaniten entstammen.

AUSSCHNITT

KORNGRÖSSE: *kleiner als 0,1 mm, Bruchstücke 5 mm bis mehrere Meter*
HAUPTBESTANDTEILE: *Gesteinsbruchstücke aus Vulkan- und Umgebungsgesteinen*
NEBENBESTANDTEILE: *keine*
ENTSTEHUNG: *Akkumulation von Bruchstücken in einem Vulkanschlot*
ÄHNLICHE GESTEINE: *Agglomerat (oben)*

Tuff

Saure und intermediäre Magmen sind zäher als basische. Der Vulkanismus dieser Magmen ist explosiver und gefährlicher, weil sich in ihnen ein höherer Druck aufbaut. Das wichtigste Auswurfprodukt explosiver Vulkane sind Aschen, die sich nach dem Absinken in der Umgebung zu Tuff verfestigen. Tuff ist ein Gemenge aus Kristallfragmenten, Lavafetzen, Pyroklasten und Glas. Je nach dem, welche Komponente überwiegt, sagt man Kristalltuff, Lapillituff oder Glastuff. Tuffe sind leichte, hellgraue Gesteine und zeigen oft gradierte Schichtung, entweder primär durch das Absinken der Asche oder sekundär, wenn Asche in Wasser sedimentiert oder dort wieder aufgearbeitet wird.

IN TUFFSTEIN *können sich steile Wände entwickeln, weil Tuffe leicht erodieren.*

AUSSCHNITT

KRISTALLTUFF

LAPILLITUFF

KORNGRÖSSE: *0,0625–2 mm*
HAUPTBESTANDTEILE: *Bruchstücke aus Vulkangestein, -glas und Kristallen*
NEBENBESTANDTEILE: *keine*
ENTSTEHUNG: *pyroklastische Akkumulation aus feinkörnigem Material*
ÄHNLICHE GESTEINE: *Turbidite (S. 27) sind sedimentärer Natur.*

ANMERKUNG

Manche Tuffe führen Fossilien, die in die Asche geraten waren. Im Tuff bei Pompeji vom Vesuvausbruch 79 n. Chr. wurden Abdrücke von verschütteten Menschen gefunden. Dort ist die Tufflage 3 m dick, während sie bei Herculaneum, wo sie zu einem pyroklastischen Strom geronnen war, bis zu 20 m mächtig ist.

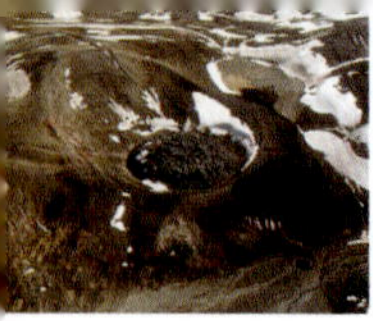

NOVARUPTA, *ein Vulkan auf Alaska, stieß 1912 eine Serie von Ignimbriten aus.*

Ignimbrit

Diese Sonderform des Tuffs (S. 65) bildet sich, wenn die Asche so heiß ist, dass das enthaltene Glas schmilzt und die Asche zusammenschweißt. Die Glasteilchen verbiegen sich zu gekrümmten Scherben und schmiegen sich an Gesteinsbruchstücke und Kristalle an. Der Transport aus dem Krater erfolgt als rasend schneller pyroklastischer Strom (»Glutwolke«), einem Gemisch aus heißen Gasen und Pyroklasten.

AUSSCHNITT

KORNGRÖSSE: *0,0625–2 mm*
HAUPTBESTANDTEILE: *Bruchstücke aus Vulkangestein und Kristallen, Glaspartikel*
NEBENBESTANDTEILE: *keine*
ENTSTEHUNG: *pyroklastischer Strom aus heißen Gasen und Pyroklasten*
ÄHNLICHE GESTEINE: *Andere Tuffe (S. 65) haben keine deformierten Glasteilchen.*

DIE WEISSE *Bimslandschaft von Sarakiniko (Griechenland) ist tiefgründig erodiert.*

Bims

Bims ist ein hellgraues bis weißes, leichtes, glasiges Lavagestein, das hochgradig porös ist. Extremes Entgasen beim Ausbruch lässt die glasige Lava aufschäumen, wodurch rundliche Gasblasenhohlräume erhalten bleiben. Durch sie ist Bims leichter als Wasser, sodass er schwimmt und weit verdriftet werden kann. Er kommt zusammen mit Rhyolith und Obsidian vor.

AUSSCHNITT

KORNGRÖSSE: *kleiner als 0,1 mm*
HAUPTBESTANDTEILE: *blasenreiche saure Lava*
NEBENBESTANDTEILE: *keine*
ENTSTEHUNG: *Verfestigung glasiger saurer Lava unter Einschluss von Gasblasen*
ÄHNLICHE GESTEINE: *Blasiger Rhyolith, Dazit und Andesit sind ähnlich, aber schwerer*

Pélés Haar

LAVAFONTÄNEN *auf dem Kilauea, Hawai, können Pélés Haar und andere Achnelithe hervorbringen.*

Pélés Haar wurde nach der hawaiianischen Feuergöttin benannt und ist ein sehr dünner und langer Basaltglasfaden. Es entsteht beim Verspritzen und raschen Auskühlen von Basaltfontänen einer sehr dünnflüssigen Magmas. Seine Farbe ist gelbbraun bis schwarz und es ist zerbrechlich. Tropfen daraus nennt man analog Pélés Tränen. Weitere Spritzformen sind im weiteren Sinne Achnelithe.

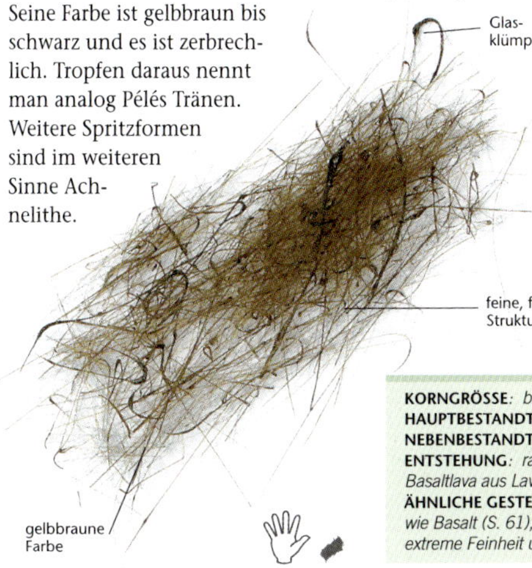

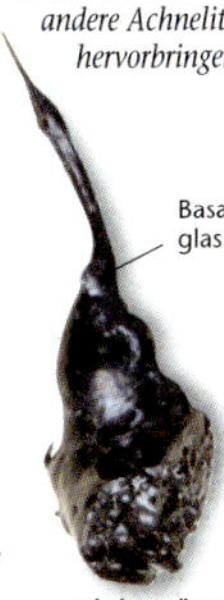

PÉLÉS TRÄNE

KORNGRÖSSE: *bis 1 mm dick*
HAUPTBESTANDTEILE: *Basaltglas*
NEBENBESTANDTEILE: *keine*
ENTSTEHUNG: *rasches Abkühlen von Basaltlava aus Lavafontänen*
ÄHNLICHE GESTEINE: *Gleicher Chemismus wie Basalt (S. 61), kennzeichnend ist seine extreme Feinheit und Zerbrechlichkeit.*

Vulkanische Bombe

VULKANISCHE *Bomben in einer Aschenlage neben einem braunen Lavastrom.*

Pyroklastisches Gestein, das seine runde Form dadurch erhielt, dass ausgeschleuderte Lava sich während des Fluges um die eigene Achse drehte und gleichzeitig abkühlte. Spitzovale Bomben nennt man Spindel(bomben). Die Farbe ist braun oder rot, verwittert nach gelbbraun; die Oberfläche kann feinkörnig, glasig oder rissig sein – dann spricht man dem Aussehen entsprechend von Brotkrustenbomben.

KORNGRÖSSE: *Bomben 0,2–1 m*
HAUPTBESTANDTEILE: *Basalt*
NEBENBESTANDTEILE: *keine*
ENTSTEHUNG: *im Flug rotierender und abkühlender Lavafetzen*
ÄHNLICHE GESTEINE: *Form und Größe sind unverwechselbar für diese Basaltlava.*

ELLIPSOIDE SPINDEL (BOMBE)

Metamorphe Gesteine

Die Umwandlung von Gesteinen mittels Hitze und Druck nennt man Metamorphose. Hochgradig metamorphe Gesteine entstehen tief in der Erdkruste, wo Temperatur und Druck hoch sind; niedriggradig metamorphe Gesteine wie Schiefer in weniger tiefen Zonen. Metamorphe Gesteine sind hier nach ihrem Ausgangsgestein geordnet: zuerst jene, die von basischen magmatischen Gesteinen abstammen, dann die von sauren und zuletzt die von sedimentären Gesteinen. Danach folgen die kontaktmetamorphen Gesteine, dann Deformationsgesteine und zuletzt Meteoriten sowie die von ihnen erzeugten Impaktgesteine.

SKARN

AUGENGNEIS

MARMOR

GLIMMER-SCHIEFER

Metabasalt

Dieses Gestein ist ein metamorpher Basalt, der einige seiner ursprünglichen Merkmale wie Gasblasenhohlräume oder Fließtexturen bewahrt hat. Im Unterschied zu Basalt ist er dunkelgrün, was auf das Mineral Chlorit zurückgeht – deshalb auch der Name „Grünstein“. Grünsteine gibt es häufig in präkambrischen Gesteinen, als schmale Zonen zwischen Graniten oder Orthogneisen gepresst. Wie sein Ausgangsgestein ist Metabasalt sehr feinkörnig, und selbst unter dem Mikroskop lassen sich die einzelnen Kristalle nicht identifizieren.

GRÜNER *Metabasalt mit weißen Quarzadern in einem typisch geklüfteten und verwitterten Aufschluss.*

AUSSCHNITT

GRÜNSCHIEFER

KOMATIITISCHER METABASALT

KORNGRÖSSE: *kleiner als 0,1 mm*
HAUPTBESTANDTEILE: *Chlorit, Albit, Aktinolith*
NEBENBESTANDTEILE: *keine*
ENTSTEHUNG: *niedriggradige Metamorphose von Basalt*
ÄHNLICHE GESTEINE: *Basalt (S. 61) ist frisch schwarz, härter und ohne Umwandlungsmerkmale.*

ANMERKUNG

Komatiitischer Metabasalt ist magnesiumreich und enthält spitze, verästelte Kristalle, die zusammen eine Spinifex-Textur bilden. Sie entsteht durch schnelles Wachstum von Olivin- und Pyroxenkristallen. Wird Metabasalt deformiert, kann sich daraus Grünschiefer, ein chloritreicher Schiefer (S. 78) entwickeln.

Amphibolite

DIE DUNKLEN *Amphibolitgesteine heben sich hier in den Alpen deutlich von den helleren Schiefern ab.*

Diese dunklen, grobkörnigen Gesteine bestehen großteils aus schwarzer oder dunkelgrüner Hornblende oder grünem Tremolit/Aktinolith neben Plagioklas, Epidot oder Granat. Die Kristallkörner sind, außer von Granat, richtungsorientiert, und manchmal ist das Gestein gebändert. Amphibolite entstehen tief in der Erdkruste durch hochgradige Metamorphose von basischen magmatischen Gesteinen.

AUSSCHNITT

KORNGRÖSSE: *2–5 mm*
HAUPTBESTANDTEILE: *Plagioklas, Hornblende*
NEBENBESTANDTEILE: *Epidot, Granat*
ENTSTEHUNG: *hochgradige Metamorphose von basischen magmatischen Gesteinen*
ÄHNLICHE GESTEINE: *Gabbro (S. 50)*

Granulit

BRAUNE, *pyroxenreiche Aggregate sind in diesem Granulit in Schottland zu sehen.*

Dieses grobkörnige metamorphe Gestein entsteht bei hohen Druck- und Temperaturverhältnissen tief in der Erdkruste. Der Name Granulit leitet sich von seiner auffallend gleichmäßigen Körnigkeit ab. Einige Mineralgruppen wie Amphibole und Glimmer werden bei dem hohen Metamorphosegrad, bei dem Granulite gebildet werden, unter Wasserabgabe zu Pyroxenen und Granaten umgewandelt. Viele Granulite sind präkambrischen Alters.

AUSSCHNITT

KORNGRÖSSE: *2–5 mm*
HAUPTBESTANDTEILE: *Quarz, Feldspat, Pyroxen*
NEBENBESTANDTEILE: *Granat*
ENTSTEHUNG: *hochgradige Metamorphose von basischen bis intermediären magmatischen Gesteinen*
ÄHNLICHE GESTEINE: *Amphibolite (S.70)*

Blauschiefer

AN DER *Küste der Toskana um den Monte Argentario steht auch Blauschiefer an.*

Blauer Glaukophan ist das Glimmermineral, das diesem Gestein seine bläuliche Farbe verleiht; seine Kristalle sind aber meist so klein, dass sie nicht erkennbar sind. Auf den ersten Blick erscheint Blauschiefer grau oder schwarz, die dunkle, purpurblaue Schattierung lässt sich nur erahnen. Die Gesteine treten nur lokal zwischen stark verfalteten und gestörten Gesteinszonen auf.

KORNGRÖSSE: *2 mm*
HAUPTBESTANDTEILE: *Glaukophan, Chlorit, Epidot*
NEBENBESTANDTEILE: *Lawsonit, Jadeit*
ENTSTEHUNG: *hochgradige Metamorphose (niedrige Temperatur, hoher Druck) von Basalt*
ÄHNLICHE GESTEINE: *Grünschiefer (S. 69)*

Eklogit

AUS EKLOGIT *besteht das dunkle Gestein zwischen den hellbraunen Schiefern an der Steilküste von Sifah (Oman).*

Hübsches, grobkörniges Gestein mit leuchtenden roten Granaten und grünem Omphazit; die Kristallkörner können strukturlos oder in Bändern angeordnet sein. Eklogit kommt knollig in Basalten und Kimberliten vor oder als größerer Gesteinskörper. Er bildet sich bei hohen Drücken und Temperaturen aus basischen magmatischen Gesteinen.

KORNGRÖSSE: *2–5 mm*
HAUPTBESTANDTEILE: *Granat, Omphazit*
NEBENBESTANDTEILE: *Disthen, Quarz*
ENTSTEHUNG: *Hochdruckmetamorphose von basischen magmatischen Gesteinen*
ÄHNLICHE GESTEINE: *Granatperidotit (S. 52)*

DUNKLES EXEMPLAR

SERPENTINIT *mit säuliger Klüftung; die gerunzelte braungraue Oberfläche nennt man »Elefantenhaut-Struktur«.*

Serpentinit

Attraktives Gestein mit fließenden Bändern, die vor allem aus gelbem und grünem Serpentin bestehen. Das weiche Gestein lässt sich leicht schneiden und polieren. Es geht aus einer niedriggradigen Metamorphose olivin- und pyroxenreicher, ultrabasischer magmatischer Gesteine hervor. In zerscherten Serpentiniten kommt das Asbestmineral Chrysotil vor.

AUSSCHNITT

KORNGRÖSSE: *kleiner als 0,1 mm*
HAUPTBESTANDTEILE: *Serpentinit*
NEBENBESTANDTEILE: *Chromit, Magnetit, Talk*
ENTSTEHUNG: *wasserreiche, niedriggradige Metamorphose olivinreicher Gesteine*
ÄHNLICHE GESTEINE: *Marmor (S. 77) ist heller und reagiert mit verdünnter Säure.*

SPECKSTEINSTEINBRÜCHE *am Great Dyke (Simbabwe) liefern Rohstoffe für Specksteinskulpturen.*

Speckstein

Massiges, feinkörniges, auffällig weiches Gestein, das mit dem Fingernagel geritzt werden kann und sich fettig anfühlt. Grund ist sein Hauptbestandteil Talk, ein sehr weiches Mineral (Härte 1). Die Farben sind grün, braun oder schwarz, insbesondere in poliertem Zustand, Kratzer erscheinen jedoch weiß. Speckstein tritt zusammen mit anderen metamorphen ultrabasischen magmatischen Gesteinen auf, z.B. mit Serpentinit.

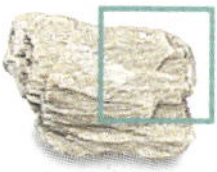

AUSSCHNITT

KORNGRÖSSE: *kleiner als 0,1 mm*
HAUPTBESTANDTEILE: *Talk*
NEBENBESTANDTEILE: *Chlorit, Magnesit*
ENTSTEHUNG: *wasserreiche, niedriggradige Metamorphose von Serpentinit*
ÄHNLICHE GESTEINE: *Serpentinit (oben) ist härter; Ton (S. 29) ist sedimentär und fühlt sich nicht fettig an.*

Metatuff

Dieses Gestein vereinigt Kennzeichen magmatischer, sedimentärer und metamorpher Gesteine. Metatuff ist schwach metamoph überprägte Vulkanasche mit erhalten gebliebenen Merkmale wie z.B. gradierte Schichtung. Wegen der kleinen Korngröße bildet Metatuff häufig Schiefergesteine. Manchmal können auf Spaltflächen sedimentäre Merkmale erhalten sein.

METATUFF-SCHIEFER *in den Honister-Steinbrüchen Cumbrias (England), oft mit gradierter Schichtung.*

AUSSCHNITT

GEBÄNDERTER METATUFF

KORNGRÖSSE: *kleiner als 2 mm*
HAUPTBESTANDTEILE: *Quarz, Feldspat, Chlorit*
NEBENBESTANDTEILE: *keine*
ENTSTEHUNG: *niedriggradige Metamorphose von vulkanischem Tuff*
ÄHNLICHE GESTEINE: *Tuff (S. 65) hat ein lockeres Gefüge, Grauwacke und Turbidit (S. 27) enthalten sedimentär gebildete Körner.*

Gneis

Allgemeiner Begriff für Gesteine, die eine »Gneistextur« aufweisen, d.h. mittel- bis grobkörnig sind und eingeregelte Minerale haben. Gneise bestehen aus Lagen unterschiedlicher Mineralzusammensetzung, Korngröße oder Textur. Die meisten Gneise haben als Hauptminerale Quarz und Feldspat, aber keines der beiden ist nötig, damit ein Gneis vorliegt (siehe S. 74, 76).

DIESER GNEIS *ist über 3 Mrd. Jahre alt und steht in einem Steinbruch am Sand River (Südafrika) an.*

KORNGRÖSSE: *2–5 mm*
HAUPTBESTANDTEILE: *Quarz, Feldspat*
NEBENBESTANDTEILE: *Glimmer, Granat*
ENTSTEHUNG: *hochgradige Metamorphose von quarz- und feldspatführenden Gesteinen*
ÄHNLICHE GESTEINE: *In Graniten (S. 44) sind die Körner gleichmäßig verteilt; Varietäten: Orthogneis, Augengneis (S. 74), Paragneis (S. 76)*

GEFALTETER GNEIS

DIESE FELSENDOME *aus Orthogneis erinnern an Walrücken.*

Orthogneis

Dieser Gneistyp stammt von einem magmatischen Gestein ab, gewöhnlich von einem Granit – daher auch sein anderer Name: Granitgneis. Auch Quarz-Feldspat-Gneis wäre eine mögliche Bezeichnung, weil seine Hauptminerale Quarz und Feldspat sind, oft begleitet von Biotit und/oder Hornblende. In Aufschlüssen ist es ein durchweg helles Gestein und typisch für präkambrische Gesteinsserien.

MIGMATITISCHER ORTHOGNEIS

KORNGRÖSSE: *2–5 mm*
HAUPTBESTANDTEILE: *Quarz, Feldspat*
NEBENBESTANDTEILE: *Glimmer*
ENTSTEHUNG: *hochgradige Metamorphose saurer magmatischer Gesteine*
ÄHNLICHE GESTEINE: *Paragneis (S. 76) enthält mehr Mineralarten und Texturformen.*

AUGENGNEIS *zusammen mit Quarzit, Eklogit und anderen hochmetamorphen Gesteinen am Sognefjord in Norwegen.*

Augengneis

Helle Kristalle, die viel größer sind als alle anderen im Gestein, erinnern an »Augen« – daher der Name des Gesteins. Es sind sog. Porphyroblasten, große Kristalle, die während der Metamorphose wuchsen. Meistens handelt es sich um rosa Alkalifeldspatkristalle (Mikroklin oder Perthit) von 1–5 cm Länge, die in einer Grundmasse aus Quarz, Feldspat und Glimmer »schwimmen«.

AUSSCHNITT

KORNGRÖSSE: *2–5 mm, Augen 1–2 cm*
HAUPTBESTANDTEILE: *Alkalifeldspat, Quarz, Plagioklas*
NEBENBESTANDTEILE: *Glimmer*
ENTSTEHUNG: *unbekannt*
ÄHNLICHE GESTEINE: *Tektonit (S. 83), wenn Augen durch Deformation gebildet wurden; sie entstehen aber auch durch andere Prozesse.*

Migmatit

Migmatite sind Mischgesteine aus Granit und Gneis. Sie stehen für den Übergang vom hochmetamorphen Gneisgestein zur magmatischen Granitschmelze, die teilweise schon in Form von Taschen und Schlieren Gestalt annimmt. Die Granitanteile bestehen aus körnigen Quarz- und Feldspatflecken, die Gneispartien aus Quarz, Feldspat und Dunkelmineralen.

HELLE *Granitadern, grauen Gneis und dunkelgrauen Amphibolit zeigt dieses Amphibolitgestein aus Südafrika.*

KORNGRÖSSE: *2–5 mm*
HAUPTBESTANDTEILE: *Quarz, Feldspat*
NEBENBESTANDTEILE: *keine*
ENTSTEHUNG: *Teilaufschmelzung von Quarz-/Feldspat-Gesteinen (Gneis)*
ÄHNLICHE GESTEINE: *Gneis (S. 73) hat keine Granit-Beimischung, Granit (S. 44) hat keine geschieferten Bereiche.*

Charnockit

Dieses hochgradig metamorphe Gestein ähnelt Granulit, mit dem es zusammen vorkommt. Charnockit hat körnige Struktur und gleicht in Zusammensetzung und Erscheinung dem Granit – bis auf die dunklere Farbe. Amphibole fehlen, da diese unter den extremen Metamorphosebedingungen zu Pyroxen umgewandelt werden. Charnockite sind typisch für präkambrische Gesteinsserien.

KABBAL DURGA, *ein Hügel bei Bangalore in Indien, besteht aus Amphibolgneis mit Charnockit.*

KORNGRÖSSE: *2–5 mm*
HAUPTBESTANDTEILE: *Quarz, Feldspat, Pyroxen (Enstatit)*
NEBENBESTANDTEILE: *Granat*
ENTSTEHUNG: *hochgradige Metamorphose von Granit oder Gneis*
ÄHNLICHE GESTEINE: *Granit (S. 44) ist heller und führt keinen Pyroxen.*

Paragneis

ALMANDIN *und Disthen in diesem Paragneis erscheinen als herausgewitterte Höcker.*

AUSSCHNITT

Diese Gneisart stammt von Sedimentgesteinen ab. Paragneis kann vielerlei Mineralarten enthalten, je nach Bestand des ursprünglichen Sediments. Schon in einem Aufschluss können Mineral- und Gefügetypus variieren, auch im Bereich mehrerer hundert Meter. Typische Paragneisminerale sind Quarz und Feldspat, außerdem Disthen, Staurolith, Granat und Muskovit.

DISTHEN-PARAGNEIS

KORNGRÖSSE: *2–5 mm*
HAUPTBESTANDTEILE: *Quarz, Feldspat, Granat*
NEBENBESTANDTEILE: *Disthen, Biotit*
ENTSTEHUNG: *hochgradige Metamorphose quarzreicher Sedimentgesteine*
ÄHNLICHE GESTEINE: *Andere Gneise (S. 73, 74) enthalten weniger Mineralarten.*

Quarzit

AUFGRUND *ihrer Härte und Mineralarmut bilden Quarzite oft nackte Hügel und Felsrücken.*

Quarzit oder Metaquarzit ist ein hartes, zuckerkörniges Gestein von meist rosa, cremiger oder weißer Farbe. Die Struktur ist mittelkörnig; unter der Lupe wirken die Körner wie zusammengeschweißt. Quarzite können bei der Kontaktmetamorphose von Sandstein im Bereich einer magmatischen Intrusion entstehen, aber meist sind sie das Produkt einer ausgedehnten Regionalmetamorphose.

KORNGRÖSSE: *2–5 mm*
HAUPTBESTANDTEILE: *Quarz*
NEBENBESTANDTEILE: *Schwerminerale wie Zirkon, Rutil und Titanit*
ENTSTEHUNG: *Regionalmetamorphose von Orthoquarzit*
ÄHNLICHE GESTEINE: *Orthoquarzit (S. 25) ist porenreicher.*

Marmor

KALKSILIKATMINERALE *bilden die grünen und grauen Anteile in diesem Marmor, der als Werkstein gebrochen wird.*

Marmor ist metamorph umgewandelter Kalkstein. Im reinen Zustand ist er weißkristallin – man sagt »zuckerkörnig« – und fein- bis mittelkörnig. Kennzeichnend ist die geringe Härte und die heftige Reaktion auf verdünnte Säuren. Die gute Bearbeitbarkeit spiegelt sich wider in unzähligen Kunstwerken, die aus ihm seit der Antike angefertigt wurden und in seinem allseitigen Einsatz als Dekorationsstein. Aber auch unreiner Marmor ist wegen der attraktiven Farbgebung und interessanter Texturen (Falten, Bänder) geschätzt. Er entsteht kontaktmetamorph aus Kalkstein am Rand von Intrusionen, in der Mehrzahl aber während der Regionalmetamorphose ausgedehnter Gesteinskörper.

WEISSER MARMOR

KALKSILIKATGESTEIN

BLAUGRAUER MARMOR

ANMERKUNG

Wenn Silikatminerale auf einen nennenswerten Anteil am Marmor anwachsen, spricht man von einem Kalksilikatgestein, das calciumreiche Silikatminerale wie grünen Tremolit (S. 198) und Diopsid (S. 213) in Nestern oder Bändern enthält. Daneben kommen Dolomit (S. 152) und Serpentin (S. 202) vor.

KORNGRÖSSE: *weniger als 0,01–2 mm*
HAUPTBESTANDTEILE: *Calcit*
NEBENBESTANDTEILE: *Dolomit, Tremolit, Diopsid, Serpentin*
ENTSTEHUNG: *Kontakt- oder Regionalmetamorphose von Kalksteinen*
ÄHNLICHE GESTEINE: *Kalkstein (S. 32) und Dolomit (S. 34), aber beide sind nicht kristallin.*

STARK GEFALTETE, *silbergraue Glimmerschiefer in diesem Aufschluss in den Alpen.*

Glimmerschiefer

Glimmerschiefer sind metamorphe Gesteine mit schieferiger Textur, dies bedeutet Lagen darin sind kleinmaßstäbig gerunzelt, wellig oder unregelmäßig geformt. Neben Glimmer kommt eine Reihe von Mineralarten vor. Die Farbe richtet sich nach dem Mineralbestand, die Korngröße ist in der Regel mittelgroß. Größere Kristalle von Granat, Staurolith, Disthen und anderen metamorphen Mineralen sind anzutreffen. Glimmerschiefer ist mittelgradig metamorph und geht aus der Umwandlung von einstigen feinkörnigen Sedimenten hervor.

AUSSCHNITT

DISTHENSCHIEFER

GRANAT-GLIMMERSCHIEFER

MUSKOVITSCHIEFER

KORNGRÖSSE: *0,1–2 mm*
HAUPTBESTANDTEILE: *Glimmer*
NEBENBESTANDTEILE: *Quarz, Feldspat, Granat, Staurolith, Cordierit, Disthen, Sillimanit*
ENTSTEHUNG: *Regionalmetamorphose feinkörniger Sedimente*
ÄHNLICHE GESTEINE: *Phyllit (S. 80)*

ANMERKUNG

Um die mineralogische Vielfalt der Schiefergesteine besser einordnen zu können, stellt man bei der Gesteinsbezeichnung den Namen des jeweiligen Hauptminerals an deren Beginn: z.B. Talk-Tremolit-Magnesitschiefer oder Quarz-Serizitschiefer. Granat-Glimmerschiefer ist ein besonders häufiges Schiefergestein.

Tonschiefer

IN NORDWALES *gibt es viele Schiefersteinbrüche mit großen Abraumhalden.*

Durch seine fast weltweite Verwendung als Dachplatten ist Tonschiefer ein sehr bekanntes Gestein. Möglich macht dies die strenge und ebene Spaltbarkeit, die es einfach macht, ihn zu Platten zu verarbeiten. Das Farbspektrum ist dunkel, von schwarz über grau, grün, purpur bis rot. Es ist ein sehr feinkörniges Gestein, kann aber schöne, größere Kristalle wie z.B. Pyrit enthalten. Tonschiefer wird vielerorts abgebaut, in Deutschland z.B. im Hunsrück oder im Thüringer Schiefergebirge. Viele Dachschiefer sind paläozoischen Alters, z.B. aus dem Devon.

SCHWARZSCHIEFER

SCHIEFER MIT DEFORMIERTEM FOSSIL

PYRITFÜHRENDER SCHIEFER

ANMERKUNG

Wegen der schwachen Metamorphose bewahren manche Tonschiefer sedimentäre Merkmale wie gradierte Schichtung oder Fossilien.

KORNGRÖSSE: *kleiner als 0,1 mm*
HAUPTBESTANDTEILE: *Quarz, Glimmer*
NEBENBESTANDTEILE: *Pyrit*
ENTSTEHUNG: *niedriggradige Regionalmetamorphose feinkörniger Sedimente*
ÄHNLICHE GESTEINE: *Schieferton (S. 31) ist krümelig; Phyllit (S. 80) ist rauer und spaltet nicht in so dünne Lagen auf.*

Fleckschiefer

PRISMATISCHE *Andalusitkristalle stecken in diesem purpurfarbenen Fleckschiefer der Skiddaw-Kontaktaureole in England.*

Die Flecken in einem Fleckschiefer sind gröberkörnige Minerale, die unregelmäßig in der feinerkörnigen Grundmasse verteilt sind. Typisch für diese Minerale sind Cordierit und Andalusit, Erstere als dunklere, diffuse Zonen, Letztere als deutliche Kristallprismen mit quadratischen Enden, häufig in der Varietät Chiastolith ausgebildet. Fleckschiefer sind typische Produkte nahe dem Rand einer Intrusion, in der schmalen Zone einer sog. Kontaktaureole.

AUSSCHNITT

KORNGRÖSSE: *kleiner als 0,1 mm, Flecken 1–5 mm*
HAUPTBESTANDTEILE: *Quarz, Glimmer*
NEBENBESTANDTEILE: *Cordierit, Andalusit, Staurolith*
ENTSTEHUNG: *Regionalmetamorphose gefolgt von Kontaktmetamorphose*
ÄHNLICHE GESTEINE: *Tonschiefer (S. 79)*

Phyllit

DIE GLIMMEROBERFLÄCHEN *auf den Spaltflächen dieses Phyllits reflektieren das Licht und erzeugen den typischen Glimmerglanz.*

Phyllit ist ein dunkles, feinkörniges, metamorphes Gestein von gewöhnlich grauer oder dunkelgrüner Farbe. Er zeigt eine ausgeprägte Schieferung mit orientierten Glimmerlagen (meist Muskovit), deren Spaltflächen hell glänzen. Die Schieferflächen sind unregelmäßiger ausgebildet als die von Tonschiefern, aber nicht so stark wie jene von Glimmerschiefern, und spalten daher plattenförmig auf.

KORNGRÖSSE: *kleiner als 0,1 mm*
HAUPTBESTANDTEILE: *Quarz, Muskovit*
NEBENBESTANDTEILE: *keine*
ENTSTEHUNG: *Regionalmetamorphose feinkörniger Sedimente*
ÄHNLICHE GESTEINE: *Tonschiefer (S. 79) hat glatte, ebene Spaltflächen; Glimmerschiefer (S. 78) ist stärker gerunzelt.*

Hornfels

MARMOR, *oben links im Bild, ist zu dunkel gestreiftem Kalkhornfels (darunter) umgewandelt worden.*

Massiges, feinkörniges bis glasig wirkendes kontaktmetamorphes Gestein mit splitterigem Bruch. Es entsteht aus feinkörnigen Sedimentgesteinen im Kontakthof einer Intrusion. Das Gestein ist einheitlich gefärbt, Farbvarietäten hängen von der Zusammensetzung des Ursprungsgesteins ab. Hornfelsvorkommen sind räumlich sehr begrenzt (einige Meter) und gehen nach außen rasch in Fleckschiefer über.

CORDIERIT-HORNFELS

KORNGRÖSSE: *kleiner als 0,1 mm*
HAUPTBESTANDTEILE: *stark schwankend*
NEBENBESTANDTEILE: *Calcit, Cordierit, Pyroxen*
ENTSTEHUNG: *Kontaktmetamorphose feinkörniger Sedimente/Sedimentgesteine*
ÄHNLICHE GESTEINE: *Lavagesteine haben größere Ausdehnung*

Skarn

AUS MONTICELLIT *bestehen die dunkleren Lagen in diesem südafrikanischen Skarn; Calcit bildet die helleren Lagen.*

Produkt der Kontaktmetamorphose von Kalkstein oder Dolomitgestein im Randbereich einer sauren bis intermediären Intrusion. Skarn ist reich an Carbonatmineralen, Calcium-, Magnesium- und Eisensilikaten, die fein- bis mittelkörnig sein können, aber häufig auch in Form grobkörniger, radialstrahliger Kristalle oder Bänder auftreten. Manche Skarne enthalten reichlich Erzminerale und sind dann geschätzte Lagerstätten von Gold, Kupfer, Eisen, Zinn, Wolfram, Blei und Zink.

KORNGRÖSSE: *0,1–2 mm*
HAUPTBESTANDTEILE: *Calcit*
NEBENBESTANDTEILE: *Granat, Serpentin, Forsterit, Vesuvian*
ENTSTEHUNG: *Kontaktmetamorphose von Kalkstein*
ÄHNLICHE GESTEINE: *Kalksilikatgesteine (S. 77) nehmen größere Gebiete ein.*

Verwerfungsbreccie

VERWERFUNGSBRECCIE *mit verschieden großen Bruchstücken in einer Grundmasse aus kleineren Bruchstücken.*

In einigen Verwerfungen können die betroffenen Gesteine im Störungsbereich zerbrochen werden. Wenn die Bruchstücke durch Quarz- oder Calcitzement verfestigt werden, entsteht daraus eine Verwerfungsbreccie. Ihre Gesteinsbruchstücke stammen daher aus der nahen Umgebung der Verwerfungsfläche und können – je nach Größe und Beschaffenheit der Störung – von beliebiger Größe sein.

AUSSCHNITT

KORNGRÖSSE: *Bruchstücke jeder Größe in feinkörniger oder kristalliner Grundmasse*
HAUPTBESTANDTEILE: *Gesteinsbruchstücke*
NEBENBESTANDTEILE: *Quarz oder Calcit als Zement*
ENTSTEHUNG: *Zerbrechen von Gestein*
ÄHNLICHE GESTEINE: *Breccie (S. 21), vulkanische Breccie (S. 62)*

Mylonit

LINEARE STRUKTUREN, *erzeugt durch Streckung, in diesem Mylonit-Gneis mit extrem reduzierter Korngröße.*

Streifen oder Strähnen zeugen bei diesem feinkörnigen Gestein von der Streckung der Mineralkörner durch gerichteten Druck. Typischerweise entsteht es in Überschiebungszonen oder flachen Verwerfungen. Auch die Feinkörnigkeit geht auf den Druck zurück: die Minerale rekristallisierten in einer gestreckten Form. Mitunter ist Mylonit so feinkörnig (»Ultramylonit«), dass er gestreiftem Feuerstein gleicht.

KORNGRÖSSE: *kleiner als 2 mm*
HAUPTBESTANDTEILE: *Umgebungsgesteine, jedoch mit reduzierter Korngröße*
NEBENBESTANDTEILE: *keine*
ENTSTEHUNG: *Streckung der Minerale durch Deformation an einer Überschiebung*
ÄHNLICHE GESTEINE: *Hornfels (S. 81) besteht aus ungerichteten Mineralen.*

Tektonit

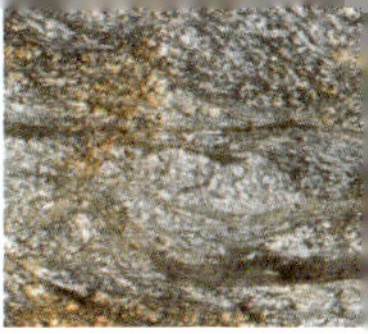

IN DIESEM *Gneis befindet sich eine Scherzone mit Tektonit.*

Dieses Gestein hat ein ausgeprägtes Deformationsgefüge. Es besteht aus länglichen oder abgeplatteten Mineralkörnern oder anderen Komponenten, z.B. Geröllen. Wenn Schieferung dominiert, spricht man von S-Tektonit, wenn Streckung überwiegt, von L-Tektonit; fehlen beide, liegt ein L-S-Tektonit vor. Diese Gesteine sind an Scherzonen gebunden, an denen Gesteinsmassen in einer schmalen Ebene extrem deformiert worden sind. Viele sind grobkörnig, wie z.B. Gneis.

KORNGRÖSSE: *0,2–2 cm*
HAUPTBESTANDTEILE: *Alle tektonisch beanspruchten Gesteinsarten*
NEBENBESTANDTEILE: *keine*
ENTSTEHUNG: *Streckung/Quetschung von Gesteinskörpern*
ÄHNLICHE GESTEINE: *Mylonit (S. 82) ist feinkörniger.*

Pseudotachylit

KLEINER *dunkler Pseudotachylit-Gang mit hellgrauen Gneisfragmenten auf der Insel Barra (Schottland).*

Es handelt sich um ein glasiges Gesteinsmaterial, das extremen Druck- oder Reibungskräften ausgesetzt war. Solche Bedingungen herrschten entlang von großen Überschiebungsbahnen und Verwerfungen sowie am Einschlagspunkt von größeren Meteoriten. Häufig sind Pseudotachylite im Zentimeterbereich als kleine Schwarmgänge in Gneis zu finden oder als Grundmasse einer Breccie.

PSEUDOTACHYLIT IN GNEIS

KORNGRÖSSE: *nicht körnig*
HAUPTBESTANDTEILE: *metamorphes Glas*
NEBENBESTANDTEILE: *häufig mit Gneisfragmenten*
ENTSTEHUNG: *Aufschmelzung durch Reibung auf einer Störungsfläche*
ÄHNLICHE GESTEINE: *Obsidian (S. 57) ist vulkanisch.*

Meteorite

DER EINSCHLAG *des Canyon Diablo-Meteoriten hinterließ gleich einer Narbe den Meteorkrater in Arizona (USA).*

Meteorite sind extraterrestrische Gesteine, die in drei Gruppen auftreten: Eisen-, Steineisen- und Steinmeteorite. Eisenmeteorite bestehen aus Nickeleisen und rosten an der Luft. Aufgeschnitten sind Metallkristalle sichtbar. Steineisenmeteorite bestehen je zur Hälfte aus Nickeleisen und Silikatmaterial, entweder magmatisches Gestein oder Minerale, z.B. Olivin. Steinmeteorite erinnern an magmatisches Gestein, etwa Gabbro oder Anorthosit, enthalten aber oft kleine Metallflitter. Eine Varietät davon heißt Chondrit und enthält kugelige Strukturen und Graphitkristalle.

AUFGESCHNITTENER EISENMETEORIT

EISENMETEORIT

STEINEISENMETEORIT

KORNGRÖSSE: *in der Regel 2–10 mm*
HAUPTBESTANDTEILE: *Eisen, Nickel*
NEBENBESTANDTEILE: *Pyroxen, Plagioklas, Olivin, Graphit*
ENTSTEHUNG: *kosmisches Material (von Planeten, Asteroiden u.a.)*
ÄHNLICHE GESTEINE: *basische bis ultrabasische magmatische Gesteine*

ANMERKUNG

Alle Meteorite weisen Schmelzgruben (Regmaglypte) auf, napfartige Vertiefungen der Oberfläche, sowie eine schwarze Schmelzkruste. Beide Phänomene entstehen beim Eintauchen in die Erdatmosphäre durch Reibungshitze. Lang andauernde Verwitterungseinflüsse können ebenfalls die Oberfläche verändern.

Impaktgesteine

Beim Einschlag eines größeren Meteoriten erfahren die getroffenen Gesteine einschneidende Veränderungen durch Hitze und Druck – es entstehen Impaktglas durch Schmelzvorgänge und Impaktbreccien durch Zertrümmerung. Hochgeschleudertes Schmelzmaterial bildet zum Teil fremdartig geformte Glasstücke, die Tektite. Mischungen aus Impaktglas und -breccien nennt man Suevit, bekannt aus dem Nördlinger Ries. Strahlenkegel (»shatter cones«) sind durch den Einschlag erzeugte strahlig-kegelförmige Gesteinsstrukturen. Meteoritenkrater werden meist mithilfe von Luftbildern oder Satellitenaufnahmen entdeckt und dank ihrer speziellen Gesteine und Minerale identifiziert.

IM IMPAKTKRATER *des Nördlinger Ries findet sich unter anderem Suevit (»Schwabenstein«), eine Impaktbreccie mit Glaseinschlüssen.*

ANMERKUNG

Flaschengrüne Tektite aus Böhmen sind auch als Moldavite bekannt; sie sind möglicherweise Auswurfbruchstücke aus dem »Ries-Ereignis« vor 15 Mio. Jahren, als ein ca. 1 km großer Meteorit bei Nördlingen einschlug.

MOLDAVIT

TEKTIT

KORNGRÖSSE: *Breccienbruchstücke 1–10 cm*
HAUPTBESTANDTEILE: *meist Glas, Trümmerstrukturen*
NEBENBESTANDTEILE: *keine*
ENTSTEHUNG: *kosmische Einschläge*
ÄHNLICHE GESTEINE: *andere Breccien (S. 22, 62, 82) und Gläser (S. 57, 83)*

Erzminerale

Die Erzminerale umfassen alle Minerale, die Träger nutzbarer Metalle sind und bergmännisch gewonnen werden. Kupferkies ist z.B. ein Kupfererz, das auch in diesem walisischen Tagebau geschürft worden ist. Viele Erze sind hydrothermaler Entstehung, d.h. sie kristallisierten aus einer heißen, an chemischen Elementen reichen Lösung aus; andere bilden sich aus magmatischen Schmelzen oder unter metamorphen Bedingungen wie z.B. im Skarn-Milieu (S. 81). In diesem Kapitel sind Erze und ihre Sekundärbildungen aufgrund gemeinsamer Metalle zusammengefasst. Zuerst werden die hydrothermalen Erzlagerstätten besprochen, dann folgen die der magmatischen Gesteine.

BLEIGLANZ

HÄMATIT

WULFENIT

CYANOTRICHIT

Gold

Au

Gold tritt in der Natur als gediegenes Element (nativ, also rein) auf, weil es mit den meisten chemischen Elementen keine Verbindung eingeht. Es ist opak und hat eine metallisch glänzende, goldgelbe Farbe; legiert mit Silber (= Elektrum) wirkt es heller. Goldkristalle sind oktaedrisch, selten kubisch oder dodekaedrisch und kommen meist in verästelten Formen vor. Das meiste Gold findet sich als Goldstaub, Goldflitter und Nuggets. Gold ist sehr schwer, weich, schneidbar und biegsam; auch läuft es nicht an. Trotz seiner weiten Verbreitung findet man Gold nur in kleinen Mengen, hauptsächlich in hydrothermalen Gängen oder als sog. Seife in Flussablagerungen.

DIE MINEN *bei Banská Štiavnica (Slowakei) zählten einst zu den ergiebigsten Lagerstätten für Gold und Silber.*

ANMERKUNG

Goldlager können Bestandteil von Sand-/Schluffsteinen oder Konglomeraten sein und anschließend metamorphisiert werden. Große Seifenlagerstätten liegen in alten Flussablagerungen Südafrikas. Junge Goldseifen in Flusssanden und -schottern werden mithilfe von Schwimmbaggern ausgebeutet.

AUSSCHNITT

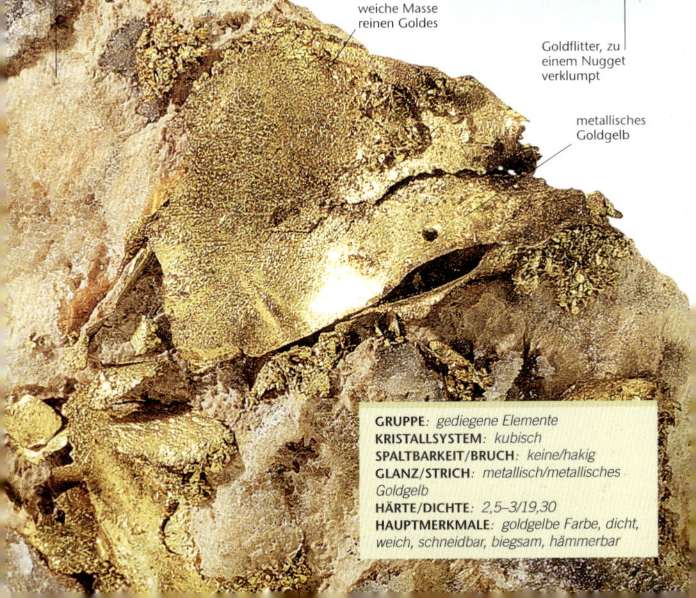

GRUPPE: *gediegene Elemente*
KRISTALLSYSTEM: *kubisch*
SPALTBARKEIT/BRUCH: *keine/hakig*
GLANZ/STRICH: *metallisch/metallisches Goldgelb*
HÄRTE/DICHTE: *2,5–3/19,30*
HAUPTMERKMALE: *goldgelbe Farbe, dicht, weich, schneidbar, biegsam, hämmerbar*

Zinnober *Cinnabarit*

HgS

ZINNOBER *überzieht häufig Gesteine als roter Belag. Die Quecksilbermine Almadén (Spanien) ist bekannt für schöne Exemplare.*

Auffälliges, scharlachrot bis braunrot gefärbtes Erzmineral. Zinnober tritt meist in massigen oder körnigen Aggregaten und puderigen Überzügen auf, häufig sind auch Kristallrhomben, -tafeln und -prismen. Als wichtigstes Quecksilbermineral ist es Bestandteil von niedrigtemperierten, hydrothermalen Gängen. In Pulverform war Zinnober früher eine weithin verwendete Malfarbe, das (giftige) Zinnoberrot.

AUSSCHNITT

GRUPPE: *Sulfide*
KRISTALLSYSTEM: *trigonal*
SPALTBARKEIT/BRUCH: *vollkommen/schwach muschelig*
GLANZ/STRICH: *Diamantglanz bis schwach metallisch/scharlachrot*
HÄRTE/DICHTE: *2–2,5/8,18*
HAUPTMERKMALE: *dichter als Realgar (S. 89)*

Schwefel

S

SCHWEFELABLAGERUNGEN *am Rand von Fumarolen des Kilauea-Vulkans auf Hawaii (USA).*

Schwefel fällt sofort durch seine hellgelbe bis orangegelbe Farbe auf. Sein Formenschatz ist vielfältig: pyramidale oder tafelige Kristalle, Krusten, pulvrige Überzüge, körnige, erdige oder derbe Aggregate. Meistens findet er sich am Rand von Fumarolen, kann aber auch sekundär durch Verwitterung von Sulfidlagerstätten entstehen, selten auch in Sedimenten. Seine schlechte Wärmeleitfähigkeit lässt Schwefelkristalle in der Hand zerbröckeln; man sollte sie nicht mit Wasser benetzen.

GRUPPE: *gediegene Elemente*
KRISTALLSYSTEM: *orthorhombisch*
SPALTBARKEIT/BRUCH: *kaum erkennbar/muschelig bis uneben*
GLANZ/STRICH: *Harz- bis Fettglanz/weiß*
HÄRTE/DICHTE: *1,5–2,5/2,07*
HAUPTMERKMALE: *weiches, leichtes Mineral mit schlechter Spaltbarkeit*

Auripigment *Rauschgelb*

As_2S_3

Das weiche, gelb bis orange gefärbte Auripigment diente früher als (giftige) Malfarbe. Typisch sind pulvrige oder derbe, mitunter auch blättrige Massen. Es findet sich in hydrothermalen Gängen, in Ablagerungen heißer Quellen und Fumarolen. Sekundär entsteht Auripigment aus der Verwitterung arsenhaltiger Minerale wie Realgar.

VULKANISCHE *Exhalationen (»Aushauchungen«) oder heiße Quellen wie hier in Japan können Auripigment enthalten.*

dünne, stummelige Prismen

typisch blättriger Habitus

vollkommene Spaltbarkeit zu gelben biegsamen Plättchen

GRUPPE: *Sulfide*
KRISTALLSYSTEM: *monoklin*
SPALTBARKEIT/BRUCH: *vollkommen/blättrig*
GLANZ/STRICH: *Perlmutt-, Fettglanz/blassgelb*
HÄRTE/DICHTE: *1,5–2/3,49*
HAUPTMERKMALE: *Farbe und Spaltbarkeit*

Realgar *Rauschrot*

As_4S_4

Hellroter bis orangeroter Realgar bildet prismatische, längsgestreifte Kristalle oder massige oder körnige Aggregate und Überzüge. Er kommt zusammen mit anderen Arsen- und Antimonmineralen in niedrigtemperierten Gängen vor, ferner in Ablagerungen an Fumarolen- und Thermalquellenrändern. Am Tageslicht zerfällt Realgar zu gelbem, pulvrigem Auripigment oder Pararealgar.

REALGAR *findet sich zusammen mit anderen Sulfiden und Sulfosalzen in Dolomitgesteinen des Lengenbach-Steinbruchs (Schweiz).*

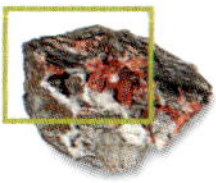

AUSSCHNITT

Realgar, zu gelbem Auripigment verwittert

Fettglanz

Gesteinsmatrix

muscheliger Bruch

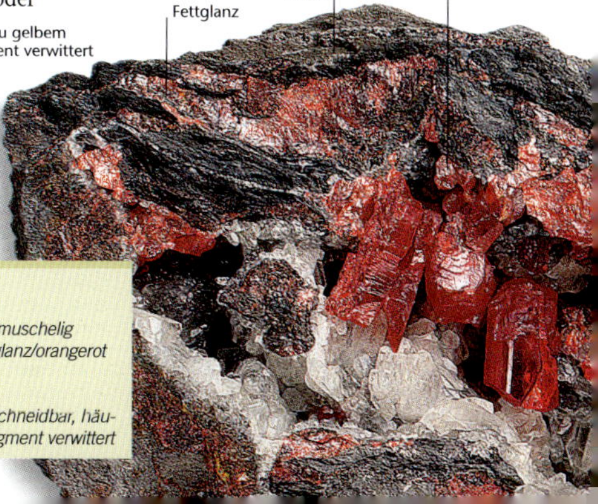

GRUPPE: *Sulfide*
KRISTALLSYSTEM: *monoklin*
SPALTBARKEIT/BRUCH: *gut/muschelig*
GLANZ/STRICH: *Harz-, Fettglanz/orangerot bis rot*
HÄRTE/DICHTE: *1,5–2/3,56*
HAUPTMERKMALE: *weich, schneidbar, häufig im Ansatz schon zu Auripigment verwittert*

IN HOHLRÄUMEN *dieses Hydrothermalgangs sind radialstrahlige Antimonitaggregate auf Calcit aufgewachsen.*

Antimonit *Stibnit*

Sb_2S_3

Antimonit ist opak, silbergrau und läuft am Tageslicht matt an. Normalerweise kristallisiert er in länglichen Prismen, die sich überraschenderweise biegen und drehen lassen. Typisch sind auch (grob)körnige, derbe oder dichte Massen oder radialstrahlige, stängelige Aggregate. Vorkommen in hydrothermalen Antimongängen.

GRUPPE: *Sulfide*
KRISTALLSYSTEM: *orthorhombisch*
SPALTBARKEIT/BRUCH: *sehr vollkommen/schwach muschelig*
GLANZ/STRICH: *Metallglanz/bleigrau*
HÄRTE/DICHTE: *2/4,63*
HAUPTMERKMALE: *häufiger und weniger dicht als Wismutglanz (unten)*

WHEAL COATES *und andere Minen in Cornwall (England) lieferten einst Wismut und andere Metalle.*

Wismutglanz *Bismuthinit*

Bi_2S_3

Dieses Mineral tritt meist in Form zerbrechlicher Kristallnadeln, blättriger oder faseriger Aggregate, aber auch größerer, gestreifter Prismen auf. Es ist opak und dabei stahlgrau, oft mit irisierendem Glanz oder silbrig-gelb angelaufen. Häufig in hydrothermalen Gängen, Granitpegmatiten oder vulkanischen Fumarolen. Große Kristalle fand man in Tazna bei Potosí (Peru).

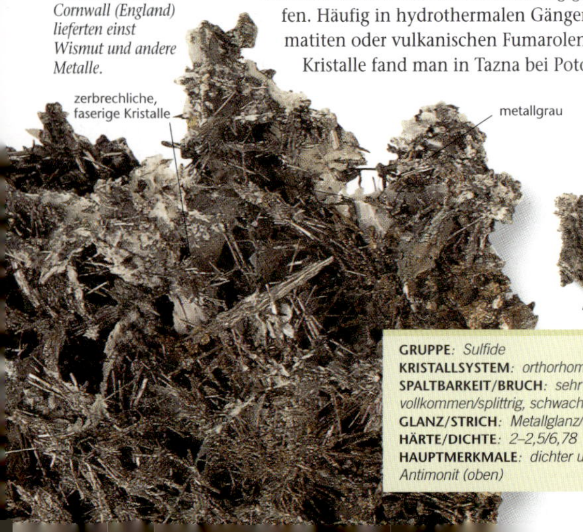

AUSSCHNITT

GRUPPE: *Sulfide*
KRISTALLSYSTEM: *orthorhombisch*
SPALTBARKEIT/BRUCH: *sehr vollkommen/splittrig, schwach schneidbar*
GLANZ/STRICH: *Metallglanz/bleigrau*
HÄRTE/DICHTE: *2–2,5/6,78*
HAUPTMERKMALE: *dichter und seltener als Antimonit (oben)*

Kobaltglanz *Cobaltin*

$CoAsS$

Die Kristalle sind kubisch, pyritoedrisch, oktaedrisch oder Mischformen davon; ihre Flächen können gestreift sein, körnige oder massige Aggregate kommen vor. In der Form ähneln die Kristalle denen des Pyrits, nicht jedoch farblich. Kobaltglanz ist opak, blass-silbergrau, oft auch rosa schattiert. Vorkommen in hochtemperierten Hydrothermalgängen oder fein verteilt in metamorphen Gesteinen.

ZUSAMMEN *mit anderen Sulfiden und Quarz findet man Kobaltglanz in Tunaberg (Schweden).*

AUSSCHNITT

GRUPPE: *Sulfide*
KRISTALLSYSTEM: *orthorhombisch*
SPALTBARKEIT/BRUCH: *sehr vollkommen/muschelig-uneben*
GLANZ/STRICH: *Metallglanz/grauschwarz*
HÄRTE/DICHTE: *5,5/6,33*
HAUPTMERKMALE: *perfekte Spaltbarkeit im Gegensatz zu z. B. Skutterudit ($CoAs_{2-3}$)*

Erythrin *Kobaltblüte*

$Co_3(AsO_4)_2 \cdot 8H_2O$

Die leuchtend purpurrosa Farbe dieses Minerals im Gestein weist auf Kobalt hin, deshalb die alte Bergmannsbezeichnung »Kobaltblüte«. Typisch sind flache Kristallprismen oder pulvrige Beläge in der Oxidationszone von Kobalt-Nickel-Arsen-Lagerstätten. Sehr verbreitet; schöne Kristalle kommen vom Mount Cobalt in Australien.

KOBALT-NICKEL-*Vorkommen im Atlasgebirge Marokkos sind bekannt für außergewöhnliche Erythrin-Funde.*

GRUPPE: *Arsenate*
KRISTALLSYSTEM: *monoklin*
SPALTBARKEIT/BRUCH: *sehr vollkommen/schneidbar, biegbar*
GLANZ/STRICH: *Glas- bis Perlmuttglanz/blassrosa*
HÄRTE/DICHTE: *1,5–2,5/3,06*
HAUPTMERKMALE: *Farbe, Schneidbarkeit*

UNTERTAGEFÖRDERUNG *von Pentlandit in der Mine von Sudbury (Ontario, Kanada).*

Pentlandit *Eisennickelkies*

$(Fe,Ni)_9S_8$

Dieses Sulfidmineral ist stets massig oder körnig, weshalb keine Kristallindividuen erkennbar sind. Es ist opak, metallisch gelb, beschlägt bronzefarbig und findet sich meist als Gemenge mit Pyrrhotin (Magnetkies). Pentlandit ist typisch für basische bis ultrabasische Intrusionen. Der Nickelreichtum der an Pentlandit reichen Lagerstätte Sudbury in Ontario (Kanada) wird u.a. auf eine sekundäre Anreicherung durch einen Meteoriten zurückgeführt.

AUSSCHNITT

GRUPPE: *Sulfide*
KRISTALLSYSTEM: *kubisch*
SPALTBARKEIT/BRUCH: *unvollkommen/muschelig*
GLANZ/STRICH: *Metallglanz/grünlich-schwarz*
HÄRTE/DICHTE: *3,5–4/4,6–5*
HAUPTMERKMALE: *Läuft bronzefarbig an; nicht magnetisch wie Pyrrhotin (S. 125)*

ZARTE BÜSCHEL *von Millerit in harten Knollen in einem Kohleabraumgebiet von Limburg (Niederlande).*

Millerit *Haarkies*

NiS

Die opaken, goldenen Kristalle des Millerits sind faserig oder nadelig und sehr zerbrechlich. Sie können freistehend sein als Einkristalle, Büschel, verfilzte Bündel oder strahlige Verästelungen, oder eingebettet in andere Sulfide und Gangminerale. Das niedrigtemperierte Hydrothermalmineral findet sich in Kalksteinhohlräumen und Carbonatadern, in Nickellagerstätten, in Kohleneisenstein und in Serpentiniten.

Strahlenbüschel in einer Kristalldruse

GRUPPE: *Sulfide*
KRISTALLSYSTEM: *trigonal*
SPALTBARKEIT/BRUCH: *vollkommen/uneben*
GLANZ/STRICH: *Metallglanz/grünlich-schwarz*
HÄRTE/DICHTE: *3–3,5/5,5*
HAUPTMERKMALE: *Goldene Nadelkristalle können mit grünem Annabergit (S. 93) überzogen sein.*

Annabergit *Nickelblüte*

$Ni_3(AsO_4)_2 \cdot 8H_2O$

Dieses Mineral ist in der Regel leuchtend apfelgrün, blassgrün oder (seltener) grau und es kommt meist als faserige Kruste, Belag oder erdige Masse vor. Nur wenige Fundstellen wie Laurion (Griechenland) liefern tafelige Prismen. Annabergit bildet sich aus Pentlandit, Millerit, Nickelin und anderen Nickelmineralen. Die Bergleute nannten ihn »Nickelblüte«, weil er die Wände von Nickelminen wie Ausblühungen überzog.

METALLISCH *rosa Nickelin (Rotnickelkies) verwitterte zu Annabergit in diesem Bergwerk in Nordengland.*

AUSSCHNITT

GRUPPE: *Arsenate*
KRISTALLSYSTEM: *monoklin*
SPALTBARKEIT/BRUCH: *vollkommen/uneben*
GLANZ/STRICH: *Glasglanz, Perlmuttglanz auf Flächen; wenn erdig: matt/sehr blassgrün*
HÄRTE/DICHTE: *1,5–2,5/3,07*
HAUPTMERKMALE: *Apfelgrünes Mineral, reagiert nicht mit verdünnter Salzsäure*

Garnierit *Nickelantigorit*

Gemenge aus Nickelsilikaten

Sammelname für Mixturen aus nickelhaltigen Silikaten wie Népouit, einem Nickelserpentin. Garnieritkristalle sind hexagonal, aber selten; meist in Form weicher Blätter oder erdiger Aggregate. Die Farbe ist ein blasses bis leuchtendes Grasgrün, typisch für sekundäre Nickelminerale. Der Glanz ist wachsartig oder matt. Garnierit ist ein bedeutendes Nickelerzmineral und entsteht durch tropische Verwitterung nickelreicher ultrabasischer magmatischer Gesteine zu Lateriten.

ALS WICHTIGER *Nickelrohstoff wird Garnierit auf der tropischen Pazifikinsel Neukaledonien im Tagebau gefördert.*

GRUPPE: *Silikate*
KRISTALLSYSTEM: *variabel*
SPALTBARKEIT/BRUCH: *nicht bekannt/splitterig bis uneben*
GLANZ/STRICH: *Harzglanz, matt/weiß bis hellgrün*
HÄRTE/DICHTE: *2–4/2,3–2,8*
HAUPTMERKMALE: *apfelgrün; Wachsglanz*

DAS GRÖSSTE *Silbernugget der Welt mit ca. 1065 kg fand man 1894 in der Smuggler Mine bei Aspen, Colorado (USA).*

Silber

Ag

Kristalle des Elements Silber sind kubisch, oktaedrisch oder dodekaedrisch, in der Natur finden sich jedoch meist körnige, drahtige, dendritische, gezackte und schuppige Formen. Das Metall ist opak, hellsilber bis weiß mit einem Hauch rosa, läuft jedoch an der Luft schnell grau oder schwarz an. Vorkommen selten primär in hydrothermalen Gängen, meist sekundär aus silberhaltigen Mineralen in der Oxidations-/Zementationszone von Erzlagern.

GRUPPE: *gediegene Elemente*
KRISTALLSYSTEM: *kubisch*
SPALTBARKEIT/BRUCH: *keine/hakig*
GLANZ/STRICH: *Metallglanz/silberweiß*
HÄRTE/DICHTE: *2,5–3/10,1–11,1*
HAUPTMERKMALE: *Dehnbares, geschmeidiges, silberweißes Metall, das leicht anläuft.*

AKANTHIT *und Silber wurden in der Bulldog-Mine in Crede (Colorado, USA) bis 1985 abgebaut.*

Silberglanz *Argentit, Akanthit*

Ag_2S

Die Varietät Akanthit bildet sich unter 179 °C und ist monoklin, Argentit oberhalb 179 °C und kristallisiert kubisch/oktaedrisch. Letzterer behält beim Abkühlen zu Akanthit die Kristallform bei, wird intern aber monoklin.

GRUPPE: *Sulfide*
KRISTALLSYSTEM: *monoklin, kubisch*
SPALTBARKEIT/BRUCH: *undeutlich/uneben*
GLANZ/STRICH: *Metallglanz/schwarz*
HÄRTE/DICHTE: *2–2,5/7,22*
HAUPTMERKMALE: *Bleiglanz (S. 96) spaltet vollkommen und ist nicht schneidbar.*

PYRARGYRIT *aus der berühmten Lagerstätte Rammelsberg im Harz war lange Zeit ein bedeutender Silberrohstoff.*

Pyrargyrit *Antimonsilberblende*

Ag_3SbS_3

Das Silber-Sulfosalz Pyrargyrit ist in der Regel derb oder körnig, oder es kommt in Form prismatischer Kristalle mit rhomboedrischen, skalenoedrischen oder flachen, jeweils unterschiedlichen Enden vor. Pyrargyrit ist dunkelrot, rot durchscheinend, im Licht jedoch opak und mattgrau – er sollte im Dunklen gelagert werden.

GRUPPE: *Sulfosalze*
KRISTALLSYSTEM: *trigonal*
SPALTBARKEIT/BRUCH: *undeutlich/muschelig bis uneben*
GLANZ/STRICH: *Diamantglanz/kirschrot*
HÄRTE/DICHTE: *2,5/5,82*
HAUPTMERKMALE: *Cuprit (S. 111) hat andere Kristallform.*

MEXIKO *ist der größte Silberproduzent der Welt; in Guanajuato, einer von vier bedeutenden Bergwerkszonen, wird Proustit gefördert.*

Proustit *Arsensilberblende*

Ag_3AsS_3

Sein alter Name »Lichtes Rotgültigerz« hat damit zu tun, dass Proustit durchscheinend und rot ist; im Licht wechselt er auf ein opakes, mattes Grau. Er sollte dunkel aufbewahrt werden. Die gestreiften Kristalle sind Prismen mit rhomboedrischen oder skalenoedrischen Enden. Derbe oder körnige Massen kommen vor. Proustit tritt mit anderen Silbermineralen in hydrothermalen Gängen sowie in der Oxidationszone silberhaltiger Gesteine auf.

GRUPPE: *Sulfosalze*
KRISTALLSYSTEM: *trigonal*
SPALTBARKEIT/BRUCH: *undeutlich/muschelig bis uneben*
GLANZ/STRICH: *Diamantglanz/scharlachrot*
HÄRTE/DICHTE: *2–2,5/5,57*
HAUPTMERKMALE: *Pyrargyrit (oben) ist dunkler in Farbe und Strich.*

Bleiglanz *Galenit*

PbS

BÄNDER *mit Bleiglanz, violettem Fluorit, beigem Dolomit und weißem Quarz sind Bestandteil dieses Hydrothermalgangs in den North Pennines (England).*

Dieses Bleisulfid ist opak; frisch ist es hellgrau (»bleigrau«), läuft aber an der Luft rasch an. Die Kristalle sind kubisch, oktaedrisch, dodekaedrisch und Mischformen daraus oder kommen in fein- bis grobkörnigen, derben Massen vor. In hydrothermalen Blei-Zink-Kupferlagerstätten ist Bleiglanz überaus häufig und findet sich hier zusammen mit Zinkblende, Kupferkies und Pyrit. Oft auch in kontaktmetamorphen Gesteinen, selten dagegen in Pegmatiten. Neben seiner Bedeutung als wichtigstes Bleierz liefert es als Verunreinigung auch in erheblichen Mengen Silber.

ANMERKUNG

Blei war früher Bestandteil vieler Gebrauchsgegenstände; wegen seiner Giftigkeit ist es aus vielen Bereichen verschwunden. Bleiglanz ist schwer löslich und daher nicht so riskant im Umgang wie verwandte Minerale, die für Kinder nicht zugänglich sein sollten.

AUSSCHNITT

GRUPPE: *Sulfide*
KRISTALLSYSTEM: *kubisch*
SPALTBARKEIT/BRUCH: *sehr vollkommen/schwach muschelig*
GLANZ/STRICH: *Metallglanz/bleigrau*
HÄRTE/DICHTE: *2,5–2,75/7,58*
HAUPTMERKMALE: *Auffällig schwer, spaltet perfekt nach dem Würfel.*

Bournonit *Rädelerz*

$PbCuSbS_3$

Sein Bergmannsname »Rädelerz« erinnert an Zwillingskristalle, die wie Zahnräder aussehen und in Bournonit häufig sind. Normale Kristalle dieses opaken, bleigrauen Erzminerals sind dicktafelig bis kurzprismatisch, auch kommt es in körnigen, derben Massen vor. In mitteltemperierten Hydrothermalgängen ist Bournonit mit Bleiglanz, Tetraedrit und anderen Sulfidmineralen vergesellschaftet.

ZAHNRADARTIGE *Bournonit-Zwillinge mit Pyrit in einem Hydrothermalgang bei Baia Sprie (Rumänien).*

GRUPPE: *Sulfosalze*
KRISTALLSYSTEM: *orthorhombisch*
SPALTBARKEIT/BRUCH: *unvollkommen/muschelig bis uneben*
GLANZ/STRICH: *Metallglanz bis matt/stahlgrau bis fast schwarz*
HÄRTE/DICHTE: *2,5–3/5,83*
HAUPTMERKMALE: *zahnartige Zwillinge*

Jamesonit *Federerz*

$Pb_4FeSb_6S_{14}$

Jamesonit erscheint als nadelige bis faserige Kristalle, die büschel-, strahlen-, filz- oder federförmig angeordnet sind. Das Mineral ist opak und dunkelgrau, läuft aber an der Luft irisierend an. Jamesonit bildet sich in niedrig- bis mitteltemperierten Hydrothermalgängen zusammen mit anderen Blei- und Antimonsulfiden bzw. -sulfosalzen.

SCHÖNE STÜCKE *von Jamesonit kommen aus der Blei-Antimon-Mine bei Port Isaac in Cornwall (England).*

GRUPPE: *Sulfosalze*
KRISTALLSYSTEM: *monoklin*
SPALTBARKEIT/BRUCH: *gut/splittrig*
GLANZ/STRICH: *Metallglanz/grau bis schwarz*
HÄRTE/DICHTE: *2,5/5,63*
HAUPTMERKMALE: *Kristalle sind meist dünner als von Antimonit (S. 92); Boulangerit (Pb_5Sb_4S11) ist biegsamer.*

DAS KILLHOPE-MUSEUM *zeigt die Geschichte der nordenglischen Bleibergwerke, in denen Cerussit häufig aus verwittertem Bleiglanz hervorging.*

Cerussit *Weißbleierz*

$PbCO_3$

Farbloses, graues oder gelbes Bleimineral, das in tafeligen oder pyramidalen Kristallen kristallisiert; Zwillinge sind in Form von Sternen oder Waben entwickelt. Zerbrechliche Aggregate von ungeordnet gewachsenen Prismen sind häufig, man nennt sie »Jackstraw«. In der Zementationszone von Bleilagerstätten entsteht Cerussit aus der Verwitterung von Bleiglanz. Große Kristalle sind bekannt aus Tsumeb (Namibia) und Broken Hill (Südaustralien).

GRUPPE: *Carbonate*
KRISTALLSYSTEM: *orthorhombisch*
SPALTBARKEIT/BRUCH: *gut/muschelig*
GLANZ/STRICH: *Diamantglanz/weiß*
HÄRTE/DICHTE: *3–3,5/6,55*
HAUPTMERKMALE: *hohe Dichte; farblos oder weiß mit Diamantglanz; sprudelt bei Aufträufeln von verdünnter Salpetersäure (HNO_3)*

ANMERKUNG

Der Diamantglanz ist hier besonders hell. Er zeigt sich bei bestimmten durchscheinenden und durchsichtigen Mineralen wie Diamant (S. 186) oder Cerussit und ist ein wichtiges Erkennungsmerkmal. Opake (undurchsichtige) Minerale mit ähnlich hellem Erscheinungsbild haben Metallglanz.

Anglesit *Vitriolbleierz*

$PbSO_4$

Farbloses, weißes, graues, gelbes oder blassgrünes bis blassblaues Mineral, das oft in hübschen Kristallen, aber auch in knolligen, körnigen oder derben Aggregaten vorkommt. Die Kristalle können prismatisch, tafelig oder gleichkörnig ausgebildet und längsgestreift sein. Verwitterungsprodukt aus Bleiglanz und anderen Bleimineralen.

ANGLESIT-FUNDSTELLE *in den Kupferminen der Parys Mountains auf der namengebenden Insel Anglesey (Wales).*

GRUPPE: *Sulfate*
KRISTALLSYSTEM: *orthorhombisch*
SPALTBARKEIT/BRUCH: *gut/muschelig*
GLANZ/STRICH: *Diamant-, Harzglanz/weiß*
HÄRTE/DICHTE: *2,5–3/6,38*
HAUPTMERKMALE: *Hohe Dichte; farblos, weiß, gelb; reagiert nicht mit verdünnter HNO_3.*

Linarit

$PbCu^{2+}(SO_4)(OH)_2$

Hell azurblauer Linarit kristallisiert in Tafeln oder Prismen, Krusten und derben Aggregaten. Er bildet sich sekundär aus Blei- und Kupfersulfiden; seine Vergesellschaftung mit Bleimineralen dient der Unterscheidung von Azurit (S. 113). Trotz seiner weiten Verbreitung ist Linarit nur in kleinen Mengen zu finden.

AUSSERGEWÖHNLICH *große Kristalle kommen aus der Mammoth-St. Anthony und der Grand Reef Mine in Arizona (USA).*

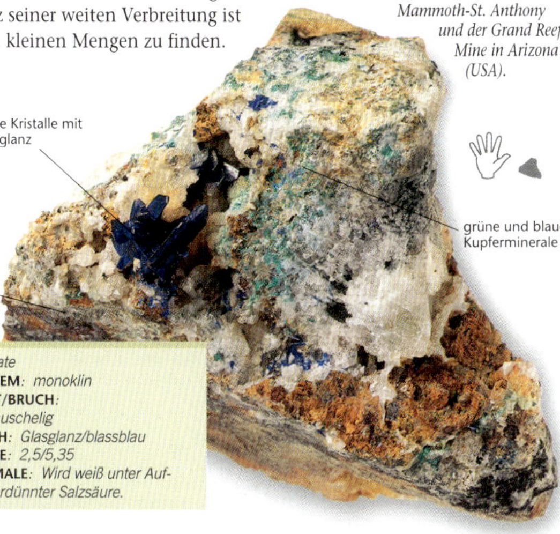

GRUPPE: *Sulfate*
KRISTALLSYSTEM: *monoklin*
SPALTBARKEIT/BRUCH: *vollkommen/muschelig*
GLANZ/STRICH: *Glasglanz/blassblau*
HÄRTE/DICHTE: *2,5/5,35*
HAUPTMERKMALE: *Wird weiß unter Aufträufeln von verdünnter Salzsäure.*

PYROMORPHIT *zusammen mit Cerussit als Verwitterungsprodukte von Bleiglanz; Leadhills in Lanarkshire (Schottland).*

Pyromorphit *Buntbleierz*

$Pb_5(PO_4)_3Cl$

Wie Mimetesit (unten) kristallisiert Pyromorphit in grünen, braunen, gelben oder orangen hexagonalen Prismen (manchmal tonnenförmig gebogen), drusigen Belägen und kugeligen oder traubigen Massen. Vorkommen in der Oxidationszone von Bleilagerstätten. Schöne Kristalle kommen aus Deutschland (Oberpfalz, Saarland, Sachsen), Frankreich, England, China und den USA.

GRUPPE: *Phosphate*
KRISTALLSYSTEM: *hexagonal*
SPALTBARKEIT/BRUCH: *keine/muschelig*
GLANZ/STRICH: *Fett-, Glasglanz/weiß*
HÄRTE/DICHTE: *3,5–4/7,04*
HAUPTMERKMALE: *hexagonale Kristalle hoher Dichte; oft gelbgrün*

DIE VARIETÄT *Kampylit (mit Phosphor) mit runden, tonnenförmigen Kristallen kommt aus Caldbeck Fells in Cumbria (England).*

Mimetesit *Grünbleierz*

$Pb_5(AsO_4)_3Cl$

Farbloses, gelbes, oranges, braunes oder seltener grünes Mineral, das in hexagonalen Prismen oder drusigen Belägen und kugeligen oder traubigen Massen kristallisiert. Der Name aus dem Griechischen bedeutet »Nachahmer«, nämlich von Pyromorphit (oben). Typisch sekundäres Mineral mit schönen Exemplaren aus Tsumeb (Namibia) sowie Santa Eulalia und San Pedro Corralitos (Mexiko).

KAMPYLIT

GRUPPE: *Arsenate*
KRISTALLSYSTEM: *hexagonal*
SPALTBARKEIT/BRUCH: *keine/muschelig*
GLANZ/STRICH: *Fett-, Diamantglanz/weiß*
HÄRTE/DICHTE: *3,5–4/7,24*
HAUPTMERKMALE: *hexagonale (tonnenförmige) Kristalle hoher Dichte*

Vanadinit *Vanadinbleierz*

$Pb_5(VO_4)_3Cl$

Vanadinit zeigt sich in orangeroten, braunen oder gelben hexagonalen Kristallen. Auch hohle Kristalle und faserige oder kugelige Massen kommen vor. Er bildet sich auf sekundären Bleilagerstätten, wobei das Vanadium aus dem Nebengestein einsickert. Endlichit ist ein Mineral, das chemisch in etwa zwischen Vanadinit und Mimetesit steht.

VANADINITKRISTALLE *aus der Bleilagerstätte von Mibladen (Marokko) sind von auffallend roter Farbe.*

ENDLICHIT

GRUPPE: *Vanadate*
KRISTALLSYSTEM: *hexagonal*
SPALTBARKEIT/BRUCH: *keine/uneben bis muschelig*
GLANZ/STRICH: *Fett-, Diamantglanz/weiß oder gelb*
HÄRTE/DICHTE: *2,5–3/6,88*
HAUPTMERKMALE: *Farbe und Kristallform*

Descloizit

$PbZn(VO_4)(OH)$

Die orangerote, braune oder fast schwarze Farbe, der Harz-/Fettglanz und die hohe Dichte sind kennzeichnend für Descloizit. Die Kristalle können gleichkörnig, tafelig, pyramidal oder prismatisch sein, häufig treten sie aber als körnige Massen oder drusige Beläge auf und auch traubige, stalaktitische oder derbe Formen sind bekannt. Typisch für die Oxidationszone von Blei-, Zink- und Vanadiumvorkommen.

DESCLOIZIT *ist eines von vielen Sekundärmineralen der Lagerstätte Tsumeb (Namibia).*

AUSSCHNITT

GRUPPE: *Vanadate*
KRISTALLSYSTEM: *orthorhombisch*
SPALTBARKEIT/BRUCH: *keine/muschelig bis uneben*
GLANZ/STRICH: *Glas- bis Fettglanz/orange bis braunrot*
HÄRTE/DICHTE: *3–3,5/6,2*
HAUPTMERKMALE: *Dichte, Farbe und Strich*

DIE RED CLOUD-MINE *in einem Canyon Arizonas (USA) ist einer der berühmtesten Fundorte für Wulfenit.*

Wulfenit *Gelbbleierz*

$PbMoO_4$

Kleine, plattige, gelbe, orange oder rote Kristalle mit quadratischem Querschnitt aus der Oxidationszone einer hydrothermalen Bleilagerstätte sind mit ziemlicher Sicherheit Wulfenite. Körnige oder derbe Aggregate sind auch häufig. Schöne, große Kristalle kommen aus Arizona (USA) sowie aus Österreich, Slowenien und Namibia.

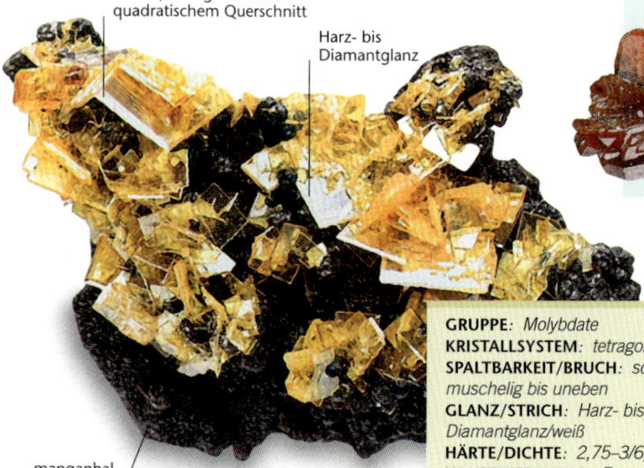

GRUPPE: *Molybdate*
KRISTALLSYSTEM: *tetragonal*
SPALTBARKEIT/BRUCH: *schwach/schwach muschelig bis uneben*
GLANZ/STRICH: *Harz- bis Diamantglanz/weiß*
HÄRTE/DICHTE: *2,75–3/6,5–7,5*
HAUPTMERKMALE: *Form, hohe Dichte*

KROKOIT *im Gemenge mit Bleimineralen in diesem Beispiel aus Beresowsk (Russland).*

Krokoit *Rotbleierz*

$PbCrO_4$

Dieses Mineral ist mit seiner hellorangen bis roten Farbe ein »Hingucker«. Die prismatischen oder stängeligen Kristalle haben einen fast quadratischen Querschnitt, sind oft längsgestreift und zeigen selten ausgeprägte Enden. Strahlige oder unregelmäßige Verwachsungen sind häufig. Vorkommen in der Oxidationszone von Bleilagerstätten in chromhaltigen Gesteinen, z.B. Dundas (Tasmanien).

GRUPPE: *Chromate*
KRISTALLSYSTEM: *monoklin*
SPALTBARKEIT/BRUCH: *schwach/muschelig bis uneben*
GLANZ/STRICH: *Diamantglanz/gelborange*
HÄRTE/DICHTE: *2,5–3/6,0–6,1*
HAUPTMERKMALE: *hohe Dichte, Farbe, Kristallprismen*

Zinkblende *Sphalerit*

ZnS

Reine Zinkblende ist farblos und sehr selten. Im Normalfall enthält sie Eisen, dann variiert die Farbe von blass gelbgrün bis braun und schwarz, je nach Eisengehalt. »Rubinblende« ist eine rote Varietät. Zinkblendekristalle sind meist kombiniert aus tetraedrischen, dodekaedrischen und anderen Formen aufgebaut. Häufig kommen auch körnige und derbe, gebänderte, traubige oder stalaktitische Aggregate vor. Zinkblende ist das wichtigste Zinkerz; es ist ein sehr verbreitetes Mineral und findet sich hauptsächlich in Blei-Zink-Vererzungen von Hydrothermalgängen.

RIESIGE *Lagerstätten von Zinkblende werden in Tennessee (USA) ausgebeutet.*

ANMERKUNG

Dunkel glänzende Zinkblendekristalle werden oft mit Cassiterit (S. 134) verwechselt. Zinkblende ist weniger dicht und spaltet vollkommen; sein geologisches Bildungsmilieu in hydrothermalen Gängen zusammen mit Bleiglanz ist ein weiteres Unterscheidungsmerkmal.

RUBINBLENDE

AUSSCHNITT

GRUPPE: *Sulfide*
KRISTALLSYSTEM: *kubisch*
SPALTBARKEIT/BRUCH: *vollkommen/muschelig*
GLANZ/STRICH: *Harz- bis Diamantglanz/bräunlich gelb bis weiß*
HÄRTE/DICHTE: *3,5–4/3,9–4,1*
HAUPTMERKMALE: *vollkommene Spaltbarkeit, nicht bei Schwefel (S. 88) oder Granat*

ZINKIT *wurde früher am Franklin und Sterling Hill in New Jersey (USA) abgebaut.*

Zinkit *Rotzinkerz*

$(Zn,Mn^{2+})O$

Die selten zu findenden Zinkitkristalle sind pyramidal – an einem Ende spitz, am anderen flach. Häufiger sind spaltbare oder körnige Massen in orange, rot, gelb oder grün. Zinkit entsteht durch Verwitterung oder Metamorphose von Zinkerzen; sehr selten auch in vulkanischen Aschen. Große, nicht natürliche Zinkitkristalle wachsen an den Abluftkaminen von Zinkschmelzen.

AUSSCHNITT

GRUPPE: *Oxide*
KRISTALLSYSTEM: *hexagonal*
SPALTBARKEIT/BRUCH: *vollkommen/muschelig*
GLANZ/STRICH: *Harz- bis Diamantglanz/gelb bis orange*
HÄRTE/DICHTE: *4/5,66*
HAUPTMERKMALE: *oft zusammen mit fluoreszierenden Mineralen*

FRANKLINIT *aus Franklin in New Jersey (USA) kommt zusammen mit fluoreszierenden Mineralen vor.*

Franklinit

$(Zn,Mn^{2+},Fe^{2+})(Fe^{3+},Mn^{3+})_2O_4$

Das Mineral ist fast immer opak und schwarz, es kristallisiert oktaedrisch mit runden Ecken oder in körnigen bzw. massigen Aggregaten. Es ist mehr oder weniger magnetisch und entsteht aus hochtemperierter Metamorphose von mangan-, eisen- und zinkreichen Sedimenten. In New Jersey (USA) liegt Franklinit in abbauwürdigen Erzmengen vor, sonst ist es jedoch sehr selten.

GRUPPE: *Oxide*
KRISTALLSYSTEM: *kubisch*
SPALTBARKEIT/BRUCH: *keine/uneben bis fast muschelig*
GLANZ/STRICH: *(sub)metallisch bis matt/dunkel rotbraun*
HÄRTE/DICHTE: *6/5,05–5,22*
HAUPTMERKMALE: *Bruch, Magnetismus*

Gahnit *Zinkspinell*

$ZnAl_2O_4$

Gahnit kristallisiert in der Regel in Oktaedern und in körnigen oder derben Aggregaten. Er ist dunkelblau, blaugrün, grau, gelb oder braun und kommt als Nebengemengteil in Graniten und Granitpegmatiten vor sowie in mittel- bis hochgradigen metamorphen Gesteinen, metamorphen Erzen und Skarn. Fündig wird man auch in Seifen.

DIE SKARNLAGERSTÄTTE *in Falun (Schweden) liefert Gahnit und andere Zinkminerale.*

AUSSCHNITT

GRUPPE: *Oxide*
KRISTALLSYSTEM: *kubisch*
SPALTBARKEIT/BRUCH: *keine/muschelig*
GLANZ/STRICH: *Glasglanz/grau*
HÄRTE/DICHTE: *7,5–8/4,38–4,6*
HAUPTMERKMALE: *Oktaedrische Kristalle sehen wie die von Spinell (S. 149) oder Herzynit ($Fe_2+Al_2O_4$) aus.*

Smithsonit *Zinkspat*

$ZnCO_3$

Die meisten Smithsonite kommen in kugeligen, traubigen, nierigen, stalaktitischen, derben oder erdigen Formen vor. Die seltenen Kristalle sind prismatisch, rhomboedrisch oder skalenoedrisch. Das Farbspektrum reicht von gelb, orange, braun über rosa, violett, weiß, grau, grün und blau. Smithsonit bildet sich in der Oxidationszone von Zinkerzen und in angrenzenden Carbonatgesteinen. Früher mit Hemimorphit als Calamin bezeichnet.

LEUCHTEND *gefärbte Exemplare und traubige Aggregate kommen aus Tsumeb (Namibia).*

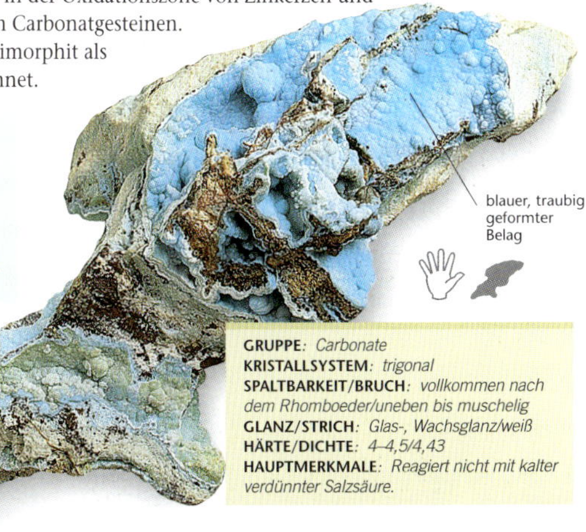

GRUPPE: *Carbonate*
KRISTALLSYSTEM: *trigonal*
SPALTBARKEIT/BRUCH: *vollkommen nach dem Rhomboeder/uneben bis muschelig*
GLANZ/STRICH: *Glas-, Wachsglanz/weiß*
HÄRTE/DICHTE: *4–4,5/4,43*
HAUPTMERKMALE: *Reagiert nicht mit kalter verdünnter Salzsäure.*

Aurichalcit

$(Zn,Cu^{2+})_5(CO_3)_2(OH)_6$

Das weit verbreitete blassgrüne, blaugrüne oder blassblaue Mineral findet man in Form zarter Nadeln oder Leisten, die häufig als strahlige Büschel, kugelige Aggregate oder Beläge erscheinen. Vorkommen in der Oxidationszone von Kupfer-Zink-Erzkörpern. Aurichalcit kommt nur in geringen Mengen vor.

AUFGELASSENE *Blei-Zinkbergwerke auf Sardinien; sie lieferten einst schöne Aurichalcitkristalle.*

AUSSCHNITT

GRUPPE: *Carbonate*
KRISTALLSYSTEM: *monoklin*
SPALTBARKEIT/BRUCH: *vollkommen/uneben*
GLANZ/STRICH: *Seiden-, Perlmuttglanz/weiß oder blass blaugrün*
HÄRTE/DICHTE: *1–2,5/3,96*
HAUPTMERKMALE: *weicher als Malachit (S. 112) oder Rosasit* $(Zn,Cu)_2(CO_3)(OH)_2$

Hydrozinkit *Zinkblüte*

$Zn_5(CO_3)_2(OH)_6$

Gewöhnlich bildet Hydrozinkit faserige, stalaktitische oder pulvrige Beläge sowie pisolithische (erbsenförmige), knollige oder derbe Aggregate. Er ist farblos oder weiß bzw. durch Verunreinigungen anderweitig getönt. Im UV-Licht fluoresziert das Mineral bläulich weiß. Entsteht in der Oxidationszone von Zinkerzen aus dem Zerfall von Smithsonit oder Zinkblende.

DIE WÄNDE *der Andara-Zinkgrube in den Picos de Europa (Nordspanien) sind mit Hydrozinkit überzogen.*

GRUPPE: *Carbonate*
KRISTALLSYSTEM: *monoklin*
SPALTBARKEIT/BRUCH: *vollkommen/erdig*
GLANZ/STRICH: *Perlmutt-, Seidenglanz; matt, erdig/weiß*
HÄRTE/DICHTE: *2–2,5/4,0*
HAUPTMERKMALE: *Braust mit verdünnter Salzsäure auf; fluoresziert bläulich weiß.*

Adamin

$Zn_2(As_4O)(OH)$

Adamin bildet honiggelbe, gelbe oder gelbgrüne Kristalle und Krusten, die unter UV-Licht zitronengelb fluoreszieren. Sekundäres Mineral der Oxidationszone von Zinkerzen mit den besten Fundstellen in Laurion (Griechenland), Tsumeb (Namibia) und Mapimí (Mexiko).

IN DEN ALTEN MINEN *von Laurion bei Kap Sunion (Griechenland) findet man immer noch Adamin.*

GRUPPE: *Arsenate*
KRISTALLSYSTEM: *orthorhombisch*
SPALTBARKEIT/BRUCH: *gut/uneben*
GLANZ/STRICH: *Glasglanz/weiß*
HÄRTE/DICHTE: *3,5/4,32*
HAUPTMERKMALE: *Kristallform und Fluoreszenz unterscheiden ihn von Hemimorphit (unten) und Smithsonit (S. 105).*

Hemimorphit *Kieselzinkerz*

$Zn_4Si_2O_7(OH)_2 \cdot H_2O$

Die Kristalle sind farblos, weiß oder gelb, gleichzeitig dünn, tafelig, an einem Ende spitz und am anderen flach, und sie sind oft fächerförmig zusammengebündelt. Auch traubiger oder kreidiger Hemimorphit ist häufig, dann ist er weiß, grau, braun, grün oder blaugrün. Typisch für die Oxidationszone von Zinkerzkörpern, wo er von Hydrozinkit, Smithsonit und Aurichalcit begleitet wird.

DAS BERGWERK *von Andara (Spanien) enthält Hemimorphit als Sekundärmineral von Zinkerzen.*

GRUPPE: *Silikate*
KRISTALLSYSTEM: *orthorhombisch*
SPALTBARKEIT/BRUCH: *vollkommen/uneben bis schwach muschelig*
GLANZ/STRICH: *Glas-, Perlmuttglanz/weiß*
HÄRTE/DICHTE: *4,5–5/3,47*
HAUPTMERKMALE: *Kristallform und Habitus*

DIESES EXEMPLAR *gediegenen Kupfers aus Leicestershire (England) ist mit rotem Cuprit und grünem Malachit verwachsen.*

Kupfer

Cu

Kupfer ist eines der wenigen Metalle, die in gediegener Form vorkommen. Es ist opak und im frischen Zustand hell metallisch und lachsfarben, läuft aber schnell mattbraun an. Fundstücke sind meist unregelmäßig geformt, blechartig, skelettförmig oder dendritisch. Kubische oder dodekaedrische Kristalle sind ungewöhnlich. Bildet sich in der Oxidationszone von Kupfererzen sowie in basischen und ultrabasischen magmatischen Gesteinen.

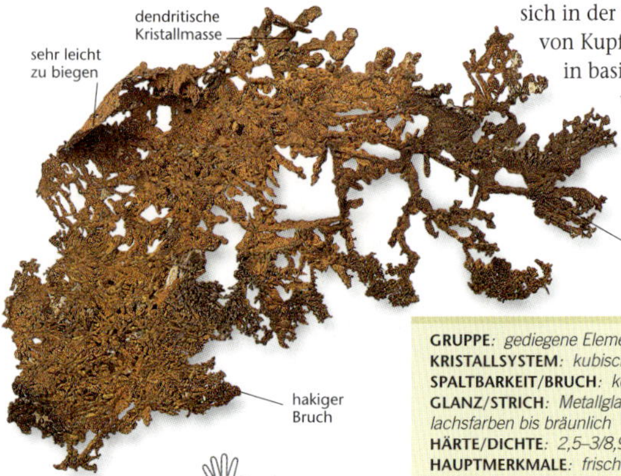

GRUPPE: *gediegene Elemente*
KRISTALLSYSTEM: *kubisch*
SPALTBARKEIT/BRUCH: *keine/hakig*
GLANZ/STRICH: *Metallglanz/glänzend lachsfarben bis bräunlich*
HÄRTE/DICHTE: *2,5–3/8,95*
HAUPTMERKMALE: *frisch lachsfarbenes, bräunlich anlaufendes Metall, sehr biegsam*

WASSER *lässt primäre Kupferminerale zu Lagen aus Kupferglanz verwittern.*

Kupferglanz *Chalkosin*

Cu_2S

Dieses wirtschaftlich bedeutende Kupfererz ist opak, dunkelgrau metallisch und läuft schnell an. Die Kristalle sind gestreift, prismatisch, tafelig oder pseudohexagonal verzwillingt. Meist ist Kupferglanz aber derb oder körnig. Vorkommen in hydrothermalen Gängen und in Porphyr-Kupferlagerstätten.

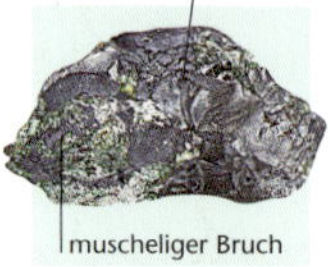

GRUPPE: *Sulfide*
KRISTALLSYSTEM: *monoklin*
SPALTBARKEIT/BRUCH: *undeutlich/muschelig*
GLANZ/STRICH: *Metallglanz/grauschwarz*
HÄRTE/DICHTE: *2,5–3/5,5–5,8*
HAUPTMERKMALE: *Kristallform, ähnelt dem selteneren Enargit (S. 111).*

Bornit *Buntkupferkies*

Cu_5FeS_4

DIE BORNITVORKOMMEN *in Arizona (USA) sind an präkambrischen Vulkanismus und jüngere Granite gebunden.*

Dieses wichtige Kupfererzmineral ist opak, metallisch rotbraun und läuft mit irisierender Purpurfarbe an. Die Kristalle mit orthorhombischer Symmetrie haben kubische, oktaedrische oder dodekaedrische Formen; auch derbe und körnige Aggregate, kommt in hydrothermalen Kupfererzgängen, Pegmatiten, basischen und ultrabasischen magmatischen Gesteinen sowie Skarn vor.

GRUPPE: *Sulfide*
KRISTALLSYSTEM: *orthorhombisch*
SPALTBARKEIT/BRUCH: *keine/uneben, fast muschelig*
GLANZ/STRICH: *Metallglanz/grauschwarz*
HÄRTE/DICHTE: *3–3,25/5,06*
HAUPTMERKMALE: *metallisch rotbraun, purpurnes Anlaufen, pseudokubische Symmetrie*

Covellin *Kupferindig*

CuS

DIE MINEN *von Butte in Montana (USA) enthalten schöne Kristalle und Aggregate von Covellin.*

Covellin ist opak und leicht an seiner glänzend metallisch blauen Farbe und dem purpurnen Irisieren zu erkennen. Die hexagonalen Kristalle sind blättrig geschuppt oder massig angeordnet, oft auch als Belag auf anderen Kupfersulfiden zu sehen. Typisch für die Oxidationszone von Kupfersulfiderzen in Gesellschaft mit Bornit, Kupferglanz und Kupferkies.

GRUPPE: *Sulfide*
KRISTALLSYSTEM: *hexagonal*
SPALTBARKEIT/BRUCH: *vollkommen; dünne Plättchen, z.T. biegsam/uneben*
GLANZ/STRICH: *schwach metallisch, matt oder Harzglanz/glänzend bleigrau*
HÄRTE/DICHTE: *1,5–2/4,6*
HAUPTMERKMALE: *blau, purpurnes Anlaufen*

DIESER KUPFERTAGEBAU *in Phalaborwa (Südafrika) fördert Kupferkies, eines der bedeutendsten Kupfererze.*

Kupferkies *Chalkopyrit*

$CuFeS_2$

Frischer Kupferkies ist opak, messingfarben und läuft an der Luft irisierend an. Seine Kristallform ist tetraedrisch, derbe Aggregate sind häufig, traubige eher selten. Er ist Bestandteil hydrothermaler Sulfidlagerstätten. Daneben finden sich eingesprengte Körner in magmatischen Gesteinen sowie als bedeutender Rohstoff in Form von Porphyrkupfererzen. In metamorphen Gesteinen tritt Kupferkies seltener auf.

GRUPPE: *Sulfide*
KRISTALLSYSTEM: *tetragonal*
SPALTBARKEIT/BRUCH: *kaum/uneben*
GLANZ/STRICH: *Metallglanz/grünlich schwarz*
HÄRTE/DICHTE: *3,5–4/4,1–4,3*
HAUPTMERKMALE: *Messingfarbe, Härte und das Anlaufen unterscheiden ihn von Gold (S. 87) und Pyrit (S. 124).*

TETRAEDRIT *von Cornwall (England) ist oftmals von messingfarbenem Kupferkies bewachsen.*

Tetraedrit

$Cu_{10}(Fe,Zn)_2(Sb,As)_4S_{13}$

Der Name geht auf die tetraedrischen Kristalle zurück, wenngleich auch massige und körnige Aggregate häufig sind. Das Mineral ist opak, metallgrau oder fast schwarz, und manchmal überzieht es messingfarbenen Kupferkies bzw. wird von ihm belegt. Vorkommen in hydrothermalen Gängen oder in kontaktmetamorphen Gesteinen.

GRUPPE: *Sulfosalze*
KRISTALLSYSTEM: *kubisch*
SPALTBARKEIT/BRUCH: *keine/schwach muschelig*
GLANZ/STRICH: *Metallglanz/schwarz bis braun*
HÄRTE/DICHTE: *3–4,5/4,97*
HAUPTMERKMALE: *Kristalle ähneln Tennantit, der aber mit Arsenmineralen vorkommt.*

Enargit

Cu_3AsS_4

Wie viele Sulfidminerale ist auch Enargit metallisch glänzend und opak. Frisch ist er grau, läuft im Tageslicht jedoch mattschwarz an. Die Kristalle sind tafelig oder prismatisch und in der Regel entlang der Prismenflächen gestreift. Zwillinge sind häufig und erscheinen dann hexagonal. Enargit tritt in hydrothermalen Gängen auf. Schöne Exemplare kommen aus Quiruvilca (Peru) und Butte in Montana (USA).

DIESE HYDROTHERMALEN *Gänge im Red Mountain Mining District (Colorado, USA) enthalten Enargit.*

AUSSCHNITT

GRUPPE: *Sulfide*
KRISTALLSYSTEM: *orthorhombisch*
SPALTBARKEIT/BRUCH: *vollkommen/uneben*
GLANZ/STRICH: *Metallglanz/grauschwarz*
HÄRTE/DICHTE: *3/4,45*
HAUPTMERKMALE: *Kristallform, ähnlich der des Kupferglanzes (S. 108)*

Cuprit *Rotkupfererz*

$\overset{1+}{Cu}_2O$

Cupritkristalle sind gewöhnlich oktaedrisch oder kubisch, treten aber auch derb oder körnig auf. Frisch ist er durchscheinend und glänzend rot, an der Luft beschlagen die Flächen mattgrau metallisch. Ausnahme: die faserige Varietät Chalkotrichit bleibt rot. Cuprit ist ein bedeutendes Kupfererz in der Oxidationszone von Erzlagerstätten.

ROTE CUPRITKRISTALLE *sind aus Brisbee und anderen Lokalitäten in Arizona (USA) bekannt geworden.*

CHALKOTRICHIT

GRUPPE: *Oxide*
KRISTALLSYSTEM: *kubisch*
SPALTBARKEIT/BRUCH: *schwach/muschelig bis uneben*
GLANZ/STRICH: *Diamant- bis Metallglanz/rotbraun, glänzend*
HÄRTE/DICHTE: *3,5–4,5/6,14*
HAUPTMERKMALE: *rot; mit anderen Kupfererzen*

GRÜNER MALACHIT *und blauer Azurit zusammen mit gelbbraunem Goethit sind typisch für den »Eisernen Hut« einer Kupfererz-Oxidationszone.*

AUSSCHNITT

Malachit

$Cu_2^{2+}(CO_3)(OH)_2$

Malachit ist das bekannteste sekundäre Kupfermineral, das stets hell- bis dunkelgrün gefärbt ist. Die Kristalle können tafelig sein, meist sind sie aber prismatisch oder nadelig und bilden Büschel und drusige Beläge von samtiger Beschaffenheit. Traubig-nierige Aggregate sind häufig und werden gerne geschnitten und zu Schmucksteinen mit herrlich gebänderten Strukturen poliert. Malachit aus dem Ural wurde reichlich in den Palästen der russischen Zaren verbaut. Heute ist der Kupfergürtel der Demokratischen Republik Kongo Hauptlieferant für Schmuckstein-Malachite.

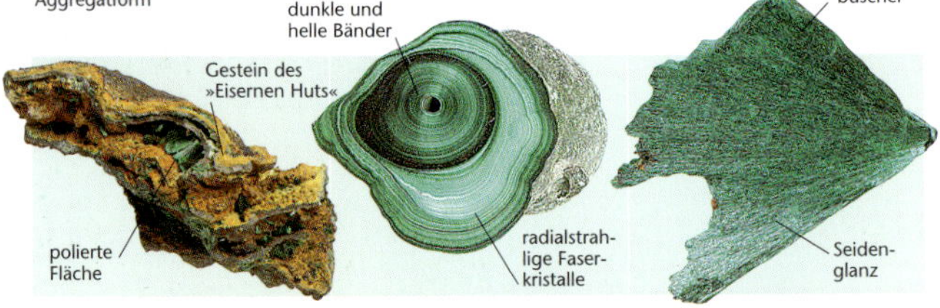

GRUPPE: *Carbonate*
KRISTALLSYSTEM: *monoklin*
SPALTBARKEIT/BRUCH: *vollkommen/muschelig bis uneben*
GLANZ/STRICH: *Glasglanz; Seidenglanz bei Fasern/hellgrün*
HÄRTE/DICHTE: *3,5–4/4,05*
HAUPTMERKMALE: *grün; reagiert mit HCl*

ANMERKUNG

Echte Malachitkristalle sind klein und schlank; häufig bildet Malachit jedoch Pseudomorphosen, d.h. es ersetzt chemisch Fremdminerale und übernimmt gleichzeitig deren Kristallform. So kennt man Knollen mit Azurit, der teilweise zu Malachit umgewandelt ist, seine frühere tafelige Kristallform aber erhalten hat (S. 113 oben).

Azurit *Kupferlasur*

$Cu_3^{2+}(CO_3)_2(OH)_2$

Die Kristalle sind komplex aufgebaut, oft tafelig mit keilförmigem Ende, bilden aber auch aggregierte Rosetten. Schön gewachsene Kristalle sind tief azurblau, derbe und erdige Gemenge etwas heller. Azurit kommt in der Oxidationszone von Kupferlagerstätten vor, die in Carbonatgesteine (z.B. Kalksteine) eingebettet sind.

HÜBSCHE AZURITE *kommen aus der Touissit-Bleilagerstätte im marokkanischen Atlasgebirge.*

AUSSCHNITT

GRUPPE: *Carbonate*
KRISTALLSYSTEM: *monoklin*
SPALTBARKEIT/BRUCH: *vollkommen/muschelig*
GLANZ/STRICH: *Glasglanz/hellblau*
HÄRTE/DICHTE: *3,5–4/3,77*
HAUPTMERKMALE: *hell- bis tiefblau; braust mit verdünnter Salzsäure auf*

Atacamit

$Cu_2^{2+}Cl(OH)_3$

Helle oder dunklere, smaragdgrüne Atacamitkristalle sind im Idealfall prismatisch oder tafelig, längsgestreift und haben keilförmige Enden. Daneben kommen faserige, körnige oder derbe Aggregate vor. Atacamit ist ein Mineral in der Oxidationszone von Kupfererzen eines ariden, salzhaltigen Milieus sowie Bestandteil von vulkanischen Fumarolen und sog. »Schwarzer Rauchern« (= untermeerische Hydrothermalquellen).

ATACAMIT *findet sich bevorzugt in ariden Umgebungen, wie in diesem Kupfertagebau in Peru.*

GRUPPE: *Halogenide*
KRISTALLSYSTEM: *orthorhombisch*
SPALTBARKEIT/BRUCH: *vollkommen/muschelig*
GLANZ/STRICH: *Glas- bzw. Diamantglanz/apfelgrün*
HÄRTE/DICHTE: *3–3,5/3,74–3,78*
HAUPTMERKMALE: *grüne Minerale in aridem Milieu; reagiert nicht mit verdünnter HCl*

Brochantit

$Cu_4^{2+}(SO_4)(OH)_6$

Das smaragdgrüne oder blaugrüne Mineral kristallisiert in Nadeln oder Fasern, oft büschelweise, als drusiger Belag oder als Kruste. Es findet sich in der Oxidationszone von Kupfererzen, besonders in jenen arider Klimazonen. Großartige Exemplare kommen aus den Kupferminen Chiles, der Demokratischen Republik Kongo und aus Arizona (USA).

DIE ERZBERGWERKE *in Cornwall (England) waren bekannt für Funde dieses Sekundärminerals.*

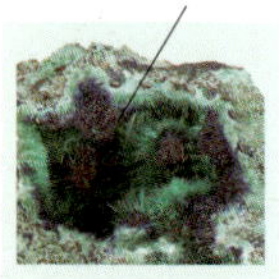

GRUPPE: *Sulfate*
KRISTALLSYSTEM: *monoklin*
SPALTBARKEIT/BRUCH: *vollkommen/uneben oder muschelig*
GLANZ/STRICH: *Glasglanz/blassgrün*
HÄRTE/DICHTE: *3,5–4/3,97*
HAUPTMERKMALE: *leuchtend grüne Minerale, reagieren nicht mit verdünnter Salzsäure*

Cyanotrichit
Kupfersamterz

$Cu_4^{2+}Al_2(SO_4)(OH)_{12} \cdot 2H_2O$

Eines von mehreren himmel- bis azurblauen Kupfermineralen. Der Name aus dem Griechischen (»blau« und »Haar«) beschreibt es treffend. Cyanotrichitkristalle sind nadelig oder faserig und bilden Büschel, samtige Überzüge und zerbrechliche Strahlenaggregate. Sie kommen in der Oxidationszone sulfidischer Kupfererze vor. Dieses Stück stammt aus Cap Garonne im Département Var (Südfrankreich).

SCHÖNE EXEMPLARE *von Cyanotrichit kommen aus Bisbee und anderen Kupfererzlagern in Arizona (USA).*

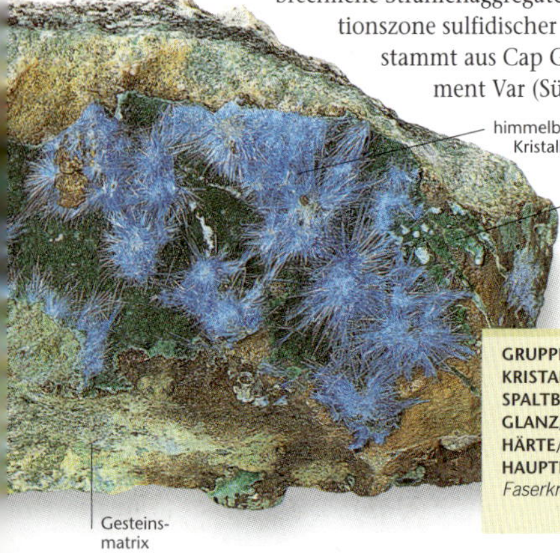

AUSSCHNITT

GRUPPE: *Sulfate*
KRISTALLSYSTEM: *orthorhombisch*
SPALTBARKEIT/BRUCH: *keine/uneben*
GLANZ/STRICH: *Seidenglanz/blassblau*
HÄRTE/DICHTE: *3,5–4/2,74–2,95*
HAUPTMERKMALE: *sehr feine, himmelblaue Faserkristalle*

Libethenit

$Cu_2^{2+}(PO_4)(OH)$

Die Kristalle sind gewöhnlich kurze Prismen, die keilförmig enden, oder sie sehen oktaederähnlich und etwas gerundet aus. Ihre Farbe ist dunkel- bis schwarzgrün, auch olivgrün. Libethenit kristallisiert in Kristalldrusen, drusigen Überzügen und Krusten in der Oxidationszone von Kupfererzen und kommt zusammen mit anderen Phosphatmineralen vor. Zuerst beschrieben in Libethen (Slowakei); weit verbreitet an vielen Fundorten.

KLEINE, *glänzende Kristalle von Libethenit aus dem Fundort Villa Vicosa (Portugal).*

AUSSCHNITT

GRUPPE: *Phosphate*
KRISTALLSYSTEM: *monoklin*
SPALTBARKEIT/BRUCH: *keine/muschelig oder uneben*
GLANZ/STRICH: *Glas- oder Fettglanz/grün*
HÄRTE/DICHTE: *4/3,97*
HAUPTMERKMALE: *Farbe und Kristallform; weniger faserig als Olivenit (unten)*

Olivenit

$Cu_2^{2+}(AsO_4)(OH)$

Olivenit erhielt seinen Namen von der typischen olivgrünen Farbe, obwohl er auch grau, blassgelb oder weiß vorkommt. Die Kristalle sind prismatisch oder faserig, neben erdigen oder mattierten Aggregaten. Dichte Kristallmassen mit Bänderungen wie Holzmaserung nennt man »Holzkupfer«. Olivenit ist das häufigste Kupferarsenat-Mineral, das in der Oxidationszone von hydrothermalen Kupfererzgängen auftritt.

DIE ABRAUMHALDEN *der Grube Clara im Schwarzwald haben schon exzellente Stücke von Olivenit und anderen Mineralen hervorgebracht.*

AUSSCHNITT

GRUPPE: *Arsenate*
KRISTALLSYSTEM: *monoklin*
SPALTBARKEIT/BRUCH: *undeutlich/muschelig oder uneben*
GLANZ/STRICH: *Diamant-, Glas- oder Seidenglanz/gelbgrün*
HÄRTE/DICHTE: *3/4,46*
HAUPTMERKMALE: *Farbe, faseriger Habitus*

CHRYSOKOLL *im Verbund mit anderen Kupfermineralen liefert den bekannten Schmuckstein aus Israel, den »Eilat-Stein«.*

Chrysokoll

$(Cu,Al)_2H_2Si_2O_5(OH)_4 \cdot nH_2O$

Nadelige Chrysokollkristalle sind ungewöhnlich, häufig dagegen sind feinkörnige, manchmal traubige Massen. Die Farbe ist hellblau bis blaugrün. Das Mineral kristallisiert meist in der Oxidationszone von Kupfererzen und ist oft mit Quarz oder Opal verwachsen; das macht es möglich, es zu Schmuckstein zu polieren. Schöne Exemplare kommen aus dem Kupfergürtel des Kongo und aus Bergwerken in Peru und Arizona (USA).

GRUPPE: *Silikate*
KRISTALLSYSTEM: *vermutlich orthorhombisch*
SPALTBARKEIT/BRUCH: *keine/muschelig oder splittrig*
GLANZ/STRICH: *erdig/weiß oder blassgrün*
HÄRTE/DICHTE: *2–4/1,93–2,4*
HAUPTMERKMALE: *Fehlen von Kristallen*

AUS DEN GRUBEN *von Tsumeb (Namibia) stammen viele außerordentliche Dioptase.*

Dioptas

$Cu_6Si_6O_{18} \cdot 6H_2O$

Die intensive smaragdgrüne Farbe und seine Neigung, in gut ausgeprägten Kristallen zu wachsen, machen Dioptas zu einem beliebten Sammelobjekt. Die gedrungenen Kristalle haben rhomboedrische Enden oder, seltener, längliche Prismen. Sie kommen auch in körnigen oder derben Massen vor. Bildungsmilieu ist die Oxidationszone bestimmter Kupfererze mit Fundorten in Tsumeb (Namibia), Renéville (Republik Kongo) und Altyn Tube (Kasachstan).

GRUPPE: *Silikate*
KRISTALLSYSTEM: *hexagonal*
SPALTBARKEIT/BRUCH: *vollkommen/muschelig*
GLANZ/STRICH: *Glasglanz/grün*
HÄRTE/DICHTE: *5/3,28–3,35*
HAUPTMERKMALE: *lebhaft smaragdgrüne Farbe, Kristallform*

Manganit

$Mn^{3+}O(OH)$

Die opaken, metallisch grauen oder schwarzen Manganitkristalle sind prismatisch und längsgestreift. Sie haben normalerweise flache oder stumpfe Enden und sind häufig zu Bündeln zusammengefasst. Körnige und derbe Aggregate sind ebenfalls vertreten. In der Regel ist Manganit Bestandteil niedrigtemperierter Hydrothermalgänge und von Manganausscheidungen heißer Quellen; sekundär bildet er sich durch Umwandlung anderer Manganminerale.

MANGANIT *kommt oft zusammen mit anderen Manganmineralen vor, z.B. Rhodonit (hier im Bild) und Rhodochrosit.*

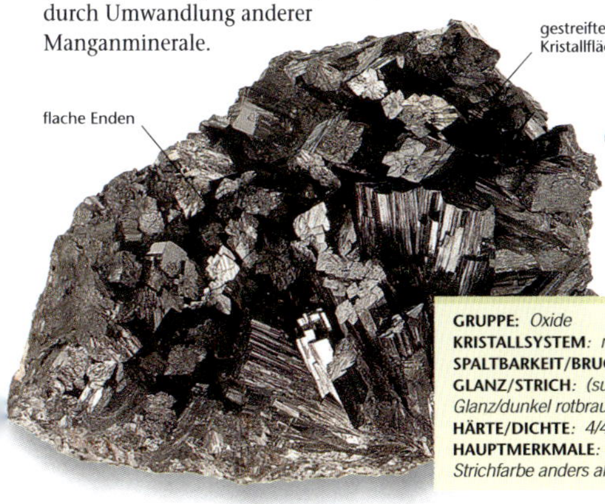

GRUPPE: *Oxide*
KRISTALLSYSTEM: *monoklin*
SPALTBARKEIT/BRUCH: *vollkommen/uneben*
GLANZ/STRICH: *(sub)metallischer Glanz/dunkel rotbraun*
HÄRTE/DICHTE: *4/4,29–4,34*
HAUPTMERKMALE: *schwarzes Mineral, Strichfarbe anders als bei Pyrolusit (S. 118)*

Hausmannit

$Mn^{2+}Mn^{3+}_2O_4$

Dunkelbraunes oder schwarzes Mineral, das meist körnig oder massig kristallisiert. Gut ausgebildete Kristalle sind aussagekräftiger, aber selten; sie wirken wie Oktaeder, häufig mit zusätzlichen Flächen. Das Manganerz findet sich in hydrothermalen Gängen oder in manganreichen metamorphen Gesteinen.

DIE MANGANERZLAGERSTÄTTEN *der Kalahari in Südafrika enthalten Hausmannit als feine Kristalle und derbe Massen.*

GRUPPE: *Oxide*
KRISTALLSYSTEM: *tetragonal*
SPALTBARKEIT/BRUCH: *vollkommen/uneben*
GLANZ/STRICH: *submetallisch/rotbraun*
HÄRTE/DICHTE: *5,5/4,84*
HAUPTMERKMALE: *schwarze, oktaederähnliche Kristalle, vollkommene Spaltbarkeit, rotbrauner Strich*

Pyrolusit

$Mn^{4+}O_2$

PYROLUSIT *findet man in metamorphen Sedimentgesteinen der Green Mountains in Vermont (USA).*

Dieses weit verbreitete, opake, schwarze oder graue Mineral ist meist faserig oder feinkörnig auskristallisiert; Prismen sind selten. Man findet es als traubig-nierige Aggregate, Konkretionen und als pulvrige, erdige oder dendritische Beläge. Pyrolusit entsteht sekundär in Manganerzen, aber auch oolithisch in Mooren, Seen und Flachmeeren.

GRUPPE: *Oxide*
KRISTALLSYSTEM: *tetragonal*
SPALTBARKEIT/BRUCH: *vollkommen/uneben*
GLANZ/STRICH: *metallisch bis matt/bläulich schwarz*
HÄRTE/DICHTE: *6–6,5/5,06*
HAUPTMERKMALE: *schwarze Farbe; Strich, Kristallform und Chemismus*

Psilomelan *Hartmanganerz, Schwarzer Glaskopf*

Manganoxid-Gemenge

Mangan-, Eisen- und Kupferoxidminerale färben die Castle Rocks in Michigan (USA).

Schwarze Manganoxide, denen es an ausgeprägten Kristallen mangelt, sind schwer zu beschreiben. Weiche, nicht näher definierte Manganoxide bezeichnet man allgemein als »Wad«, harte als Psilomelan. Früher auch Beschreibung für Romanèchit, ein bariumhaltiges Manganoxid.

GRUPPE: *Oxide und Hydroxide*
KRISTALLSYSTEM: *variabel*
SPALTBARKEIT/BRUCH: *keine/uneben*
GLANZ/STRICH: *erdig/meist schwarz*
HÄRTE/DICHTE: *je nach Zusammensetzung*
HAUPTMERKMALE: *weiche oder harte schwarze Massen; keine einzelnen Kristalle erkennbar*

Rhodochrosit *Manganspat*

$Mg^{2+}CO_3$

Das Mineral ist in der Regel rosa, selten braun, und entwickelt rhomboedrische Kristalle oder hundezahnartige Formen wie Calcit. Aus Argentinien und Peru kennt man gebänderten Rhodochrosit, ein geschätzter Schmuckstein; die schönsten, leuchtend kirschroten Exemplare stammen aus der Sweet Home Mine in Colorado (USA). Rhodochrosit findet man hauptsächlich in hydrothermalen Lagerstätten zusammen mit schwarzen Manganoxiden und Mineralen wie Fluorit, Bleiglanz und Zinkblende.

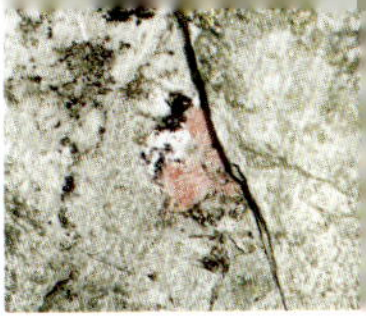

SOLCHE *hydrothermalen Gänge mit Rhodochrosit, Bleiglanz und Fluorit stecken im Hangenden der Sweet Home Mine in Colorado (USA) und anderen Fundorten.*

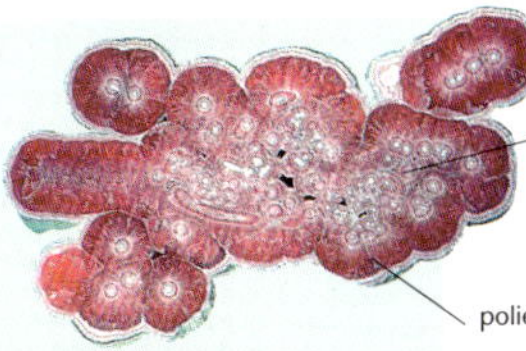

GRUPPE: *Carbonate*
KRISTALLSYSTEM: *trigonal*
SPALTBARKEIT/BRUCH: *vollkommen nach dem Rhomboeder/uneben oder muschelig*
GLANZ/STRICH: *Glasglanz/weiß*
HÄRTE/DICHTE: *3,5–4/3,7*
HAUPTMERKMALE: *rosa Mineral; braust mit verdünnter Salzsäure; keine Fluoreszenz*

ANMERKUNG

Sekundäre Manganminerale sind meist rosa oder schwarz. Andere Sekundärminerale erscheinen in vielerlei Farben: Kupferminerale sind blau oder grün; Kobaltminerale lila bis rosa, Nickelminerale apfelgrün. Chromminerale sind grün oder purpurrot, Eisenminerale oft gelb, braun oder grün.

Rhodonit *Kieselmanganerz*

RHODONITKNOLLE *mit schwarzem Manganoxid und braunem Bustamit.*

$CaMn_4Si_5O_{15}$

Dieses rosa Manganmineral ist ein attraktiver Halbedelstein. Gewöhnlich kommt es als grob- bis feinkörnige, spaltbare Masse vor, in die schwarze Manganminerale eingewachsen sind. Rhodonit ist Begleitmineral in Manganerzen, die durch hydrothermale, metamorphe oder sedimentäre Prozesse entstanden sind.

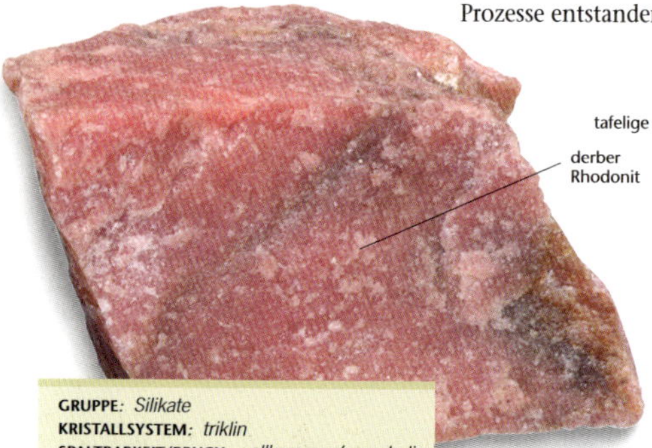

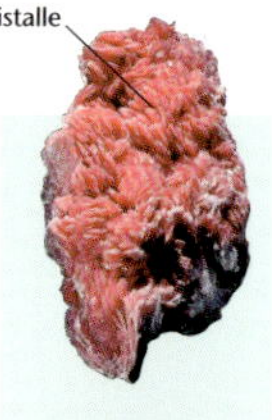

GRUPPE: *Silikate*
KRISTALLSYSTEM: *triklin*
SPALTBARKEIT/BRUCH: *vollkommen/muschelig bis uneben*
GLANZ/STRICH: *Glasglanz/weiß*
HÄRTE/DICHTE: *5,5–6,5/3,57–3,76*
HAUPTMERKMALE: *härter als Rhodochrosit (S. 119), braust nicht mit verdünnter Salzsäure*

Braunit *Hartmanganerz*

BRAUNIT *ist ein bedeutendes Manganerz in Südafrika.*

$Mn^{2+}Mn^{3+}_6SiO_{12}$

Dieses eher unscheinbare Mineral ist ein wichtiges Manganerz. Braunit ist opak, braunschwarz oder dunkelgrau und kristallisiert körnig oder massig. Die seltenen Kristalle sind pyramidal und oktaederähnlich. Das Mineral tritt zusammen mit Manganoxiden auf und entsteht durch Metamorphose oder Verwitterung manganhaltiger Ablagerungen.

GRUPPE: *Oxide oder Silikate*
KRISTALLSYSTEM: *tetragonal*
SPALTBARKEIT/BRUCH: *vollkommen/uneben bis schwach muschelig*
GLANZ/STRICH: *schwach metallischer Glanz/braunschwarz bis stahlgrau*
HÄRTE/DICHTE: *6–6,5/4,72–4,83*
HAUPTMERKMALE: *Form, Strich, Paragenese*

DIE SPEKTAKULÄRSTEN *Anataskristalle werden aus alpinen Klüften geborgen.*

Anatas

TiO_2

Das auffallendste Merkmal von Anatas sind die bipyramidalen Kristalle, die auch tafelig und mitunter prismatisch sein können. Seine Farbe variiert von gelb über rotbraun bis schwarz, grau, blau oder violett. Vorkommen in kleinen Mengen in verschiedenen magmatischen und metamorphen Gesteinen sowie als Detritusmineral in Sedimenten.

GRUPPE: *Oxide*
KRISTALLSYSTEM: *tetragonal*
SPALTBARKEIT/BRUCH: *vollkommen/uneben*
GLANZ/STRICH: *Diamant- oder Metallglanz/weiß oder blassgelb*
HÄRTE/DICHTE: *5,5–6,0/3,79–3,97*
HAUPTMERKMALE: *Form, kein Magnetismus*

Brookit *Arkansit*

TiO_2

Brookit hat denselben Chemismus wie Anatas (oben), jedoch eine orthorhombische Symmetrie. Die Kristalle sind dünn- bis dicktafelig, seltener pyramidal oder pseudohexagonal. Die Farbe ist rot- oder gelbbraun, dunkelbraun oder schwarz. Brookit findet sich in alpinen Klüften, in einigen kontaktmetamorphen Gesteinen sowie als Detritusmineral in Sedimenten.

IM GEBIET *rund um Snowdon (Wales) kommen dünntafelige Brookite vor.*

AUSSCHNITT

GRUPPE: *Oxide*
KRISTALLSYSTEM: *orthorhombisch*
SPALTBARKEIT/BRUCH: *undeutlich/uneben*
GLANZ/STRICH: *(sub)metallischer oder Diamantglanz/hellbräunlich, gelblich, weiß*
HÄRTE/DICHTE: *5,5–6/4,08–4,18*
HAUPTMERKMALE: *Farbe, fehlende Spaltbarkeit*

Rutil

TiO_2

Dieses Mineral ist u.a. als blassgoldene Kristallnadeln bekannt, die in Quarzkristallen eingeschlossen sind. Freiwachsende Formen sind dunkler, gelblich bis rotbraun, dunkelbraun oder schwarz. Rutil bildet gestreifte, prismatische Kristalle und derbe Aggregate. Zwillinge sind häufig und können knie-, kreis- oder netzförmig gewachsen sein. Rutil ist ein Nebenmineral in vielen magmatischen und metamorphen Gesteinen und findet sich bevorzugt auf alpinen Klüften, aber auch in manchen klastischen Sedimenten. Sternförmige Rutilbüschel, die von Hämatitoberflächen ausgehen, kennt man u.a. aus Novo Horizonte in Bahia (Brasilien).

CHINA *ist zu einem bedeutenden Lieferanten für Industrierutile aufgestiegen; ein wichtiges Fördergebiet ist die Provinz Hubei.*

ANMERKUNG

Wie Rutilkristalle in Quarz (S. 143) sind Einschlüsse in Kristallen sehr verbreitet, wenngleich viele mikroskopisch klein sind. Auch Gase oder Flüssigkeiten können manchmal Einschlüsse bilden.

GRUPPE: *Oxide*
KRISTALLSYSTEM: *tetragonal*
SPALTBARKEIT/BRUCH: *gut/muschelig bis uneben*
GLANZ/STRICH: *(sub)metallischer oder Diamantglanz/hellbraun oder grau*
HÄRTE/DICHTE: *6–6,5/4,23*
HAUPTMERKMALE: *Farbe, Streifung, Zwillinge*

Ilmenit *Titaneisenerz*

$Fe^{2+}TiO_3$

Ilmenit ist opak, metallisch-grauschwarz und verwittert zu einem stumpfen Braun. Er kristallisiert tafelig oder als körnige bzw. derbe Aggregate. Verwachsungen mit Hämatit oder Magnetit sind häufig. Ilmenit findet sich in magmatischen und hochgradig metamorphen Gesteinen. Abbauwürdige Lagerstätten befinden sich u.a. in Anorthositen sowie in Seifen.

AUS SOLCHEN *schwarzen Ilmenitseifen wird Titan gewonnen, z.B. in Indien und Australien.*

GRUPPE: *Oxide*
KRISTALLSYSTEM: *hexagonal*
SPALTBARKEIT/BRUCH: *unvollkommen/muschelig*
GLANZ/STRICH: *(sub)metallischer Glanz/schwarz oder rötlich braun*
HÄRTE/DICHTE: *5–6/4,72*
HAUPTMERKMALE: *Farbe, Kristallform*

Titanit *Sphen*

$CaTiOSiO_4$

Die tafeligen Kristalle sind auffallend keilförmig, können aber auch prismatisch sein oder derbe Aggregate bilden. Sie sind oft schwarz, braun, grau, grün oder gelb. Titanit findet man in metamorphen Gesteinen wie Gneis, Schiefer oder Marmor; auch in Skarn, in alpinen Klüften sowie als Nebenmineral in sauren bis intermediären Plutoniten.

IN DEN ALPEN *befinden sich zahlreiche gute Fundorte für Titanit.*

GRUPPE: *Silikate*
KRISTALLSYSTEM: *monoklin*
SPALTBARKEIT/BRUCH: *gut/muschelig*
GLANZ/STRICH: *Diamant- oder Harzglanz/weiß*
HÄRTE: *5–5,5*
DICHTE: *3,48–3,60*
HAUPTMERKMALE: *keilförmige Kristalle*

Pyrit *Schwefelkies*

FeS_2

PYRIT *füllt dieses tonige Schaleninnere eines Ammonitgehäuses aus. Dieses Beispiel stammt aus Oxfordshire (England).*

Dieses bemerkenswerte, weit verbreitete Mineral lässt sich leicht von anderen Sulfiden unterscheiden. Pyrit ist opak, ist frisch hell messingfarben, läuft aber an der Luft rasch an und wird dabei dunkler. Die häufig gestreiften Kristalle sind kubisch, oktaedrisch oder es sind Zwölfflächner, sog. »Pyritoeder«. Auch kommen körnige und derbe Aggregate vor sowie flache Scheiben und Knollen mit radialstrahligen länglichen Kristallen. Die beiden letzteren Formen finden sich in Sedimentgesteinen, in denen Pyrit auch Fossilien ersetzen oder ausfüllen kann. Pyrit kommt praktisch in allen Gesteinen vor, am häufigsten in hydrothermalen Gesteinen.

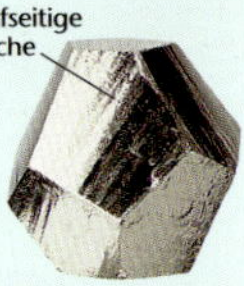

GRUPPE: *Sulfide*
KRISTALLSYSTEM: *kubisch*
SPALTBARKEIT/BRUCH: *keine/muschelig bis uneben*
GLANZ/STRICH: *Metallglanz/grünlich schwarz*
HÄRTE/DICHTE: *6–6,5/5,02*
HAUPTMERKMALE: *Messingfarbe heller als von Kupferkies (S. 110); Kristallform*

ANMERKUNG

Pyrit und auch Markasit (S. 125) reagieren mit dem Wasserdampf der Luft, um sich in pulvrige gelbe und weiße Eisensulfate und Schwefelsäure umzuwandeln, die Transportverpackungen beschädigen können. Diese Minerale sollten daher trocken verpackt und transportiert werden.

Markasit *Speerkies, Kammkies*

FeS_2

Frisch ist Markasit opak und hell messinggelb mit Grünstich; an der Luft wird er dunkler. Die Kristalle sind tafelig, pyramidal oder prismatisch oder bilden speerartige Zwillinge. Körnige, stalaktitische und derbe Aggregate sind häufig.

MARKASITKNOLLEN *gibt es in den Kreidegesteinen von Südengland und Nordwestfrankreich.*

AUSSCHNITT

GRUPPE: *Sulfide*
KRISTALLSYSTEM: *orthorhombisch*
SPALTBARKEIT/BRUCH: *schlecht/uneben, splittrig*
GLANZ/STRICH: *Metallglanz/grauschwarz*
HÄRTE/DICHTE: *6–6,5/4,89*
HAUPTMERKMALE: *Kristallform und hellere Farbe als bei Pyrit (S. 124)*

Pyrrhotin *Magnetkies*

$Fe_{1-x}S$ ($x=0,1$ bis $0,2$)

Dieses Eisensulfid ist häufig mit anderen Sulfidmineralen in Form derber oder körniger Aggregate vergesellschaftet; Pyrrhotin kommt aber auch als tafelige oder plattige hexagonale Kristalle oder als Kristallrosetten vor. Er ist opak und farblich zwischen bronzegelb und rosagelb angesiedelt, an der Luft läuft er rasch braun an. Das Mineral tritt in basischen und ultrabasischen Magmatiten, in Pegmatiten, hochtemperierten Hydrothermalgängen, weniger häufig in bestimmten metamorphen und sedimentären Gesteinen auf.

AUF DER SUCHE *nach Gold fand man in der Alaska Range (USA) auch Pyrrhotin und andere Sulfiderze.*

GRUPPE: *Sulfide*
KRISTALLSYSTEM: *monoklin, hexagonal*
SPALTBARKEIT/BRUCH: *kaum sichtbar/uneben bis schwach muschelig*
GLANZ/STRICH: *Metallglanz/grauschwarz*
HÄRTE/DICHTE: *3,5–4,5/4,58–4,65*
HAUPTMERKMALE: *schwacher Magnetismus, Kristallform, Farbe*

GROSSE *Arsenkies-aggregate stammen aus dieser Grube in Panasqueira (Portugal).*

Arsenkies *Arsenopyrit*

FeAsS

Die zinnweißen bis silbrig grauen Kristalle des Arsenkies laufen schnell dunkel an und riechen leicht nach Knoblauch – ein Zeichen, dass er Arsen enthält. Die Kristalle sind blockig oder prismatisch, im Querschnitt oft diamantförmig. Sie sind in der Regel gestreift und häufig verzwillingt. Auch derbe und körnige Substrate kommen vor. Als hydrothermales Mineral findet er sich u.a. in Pegmatiten und in gold- oder zinnführenden Adern.

AUSSCHNITT

GRUPPE: *Sulfide*
KRISTALLSYSTEM: *monoklin, pseudo-orthorhombisch*
SPALTBARKEIT/BRUCH: *undeutlich/uneben*
GLANZ/STRICH: *Metallglanz/grauschwarz*
HÄRTE/DICHTE: *5,5–6/6,07*
HAUPTMERKMALE: *Farbe, geringere Dichte als Löllingit (Eisenarsenid)*

DIE GESCHICHTETE *Intrusion des Bushveld-Komplexes (Südafrika) ist eine der größten Lagerstätten von Magnetit.*

Magnetit *Magneteisenerz*

$Fe^{2+}Fe^{3+}_2O_4$

Magnetit hat einen starken, natürlichen Magnetismus. Er ist grau oder schwarz und verwittert rostbraun. Die Kristalle sind oktaedrisch, seltener dodekaedrisch, und können gestreift sein. Derbe und körnige Aggregate sind häufig. Magnetit ist Nebenbestandteil vieler magmatischer und metamorpher Gesteine und findet sich als Detritus in Sedimenten. Lagerstätten sind in basischen und ultrabasischen geschichteten Intrusionen und in gebänderten Eisenerzen enthalten.

GRUPPE: *Oxide*
KRISTALLSYSTEM: *kubisch*
SPALTBARKEIT/BRUCH: *kaum erkennbar/uneben*
GLANZ/STRICH: *Metallglanz/schwarz*
HÄRTE/DICHTE: *5,5–6,5/5,18*
HAUPTMERKMALE: *stark magnetisch, schwarzer Strich, oktaedrische Kristallform*

Hämatit *Roteisenstein*

α-Fe_2O_3

Die Namen der verschiedenen Hämatit-Varietäten sind vielsagend. Opake, graue Kristalle mit spiegelartigem Glanz nennt man Eisenglanz (»Specularit«). Die Kristalle sind komplex aufgebaut: Rhomboedrische, (di)pyramidale, dick- bis dünntafelige, blättrige Formen sind üblich; häufig dreieckig gestreift. Rosettenartige Kristallbündel heißen Eisenrose. Bei fest zu kompakten Massen miteinander verwachsenen Kristallen ist Hämatit stets rot (»Roteisenerz«). Rote, nierige Massen nennt man Roter Glaskopf. Hämatit findet sich in Fumarolen und hydrothermalen Gängen, in kontaktmetamorphen Gesteinen, gebänderten Eisenerzen, oolithischen Eisenerzen sowie als Umwandlungsprodukt anderer Eisenminerale.

GEBÄNDERTE *Eisenerze sind reich an Hämatit und zählen zu den ergiebigsten Eisenlagerstätten.*

ANMERKUNG

Ob als metallgraue Kristalle oder rotbraune Massen, Hämatit zeigt immer einen roten Strich – ein untrügliches Merkmal. Goethit (S. 128) erscheint in ähnlichen, traubigen Massen, hat aber einen gelbbraunen Strich.

ROTER GLASKOPF

EISENGLANZ (»SPECULARIT«)

GRUPPE: *Oxide*
KRISTALLSYSTEM: *trigonal*
SPALTBARKEIT/BRUCH: *keine, aber splittrig/uneben, schwach muschelig*
GLANZ/STRICH: *Metallglanz bis matt/rot bis rotbraun*
HÄRTE/DICHTE: *5–6/5,26*
HAUPTMERKMALE: *Farbe, Strich*

AUSSCHNITT

Goethit *Nadeleisenerz*

α-$Fe^{3+}O(OH)$

GOETHIT *wird neben anderen Eisenerzen in der Kremikowtsi-Lagerstätte (Bulgarien) abgebaut und verhüttet.*

Goethit ist ein außerordentlich verbreitetes Mineral, dessen Kristalle braun bis fast schwarz sind. Sie sind klein, prismatisch und bilden oft Büschel und drusige Beläge. Meistens findet man Goethit in Form von Überzügen und traubig-nierigen, stalaktitischen und derben Aggregaten. Diese sind dann gelb-, rot- oder dunkelbraun. Goethit ist ein Verwitterungsprodukt eisenhaltiger Lagerstätten, z.B. im »Eisernen Hut«; auch in tropischen Böden, Lateriten und vielen Eisenerzen.

AUSSCHNITT

GRUPPE: *Oxihydroxide*
KRISTALLSYSTEM: *orthorhombisch*
SPALTBARKEIT/BRUCH: *vollkommen/uneben*
GLANZ/STRICH: *Diamantglanz, matt, erdig oder seidig/gelbbraun*
HÄRTE/DICHTE: *5–5,5/4,28*
HAUPTMERKMALE: *gelbbrauner Strich; erscheint wie natürlicher Rost*

Limonit

Gemenge aus Eisenhydroxiden

LIMONIT *ist ein Produkt verwitterter eisenhaltiger Gesteine und färbt manche Landschaft gelbbraun ein.*

Der Name bezeichnet keine Mineralart, sondern ist ein Sammelname für ein Gemisch aus Eisenoxihydroxiden wie Goethit, Lepidokrokit und Akaganéit. Etwas Hämatit, Ton und andere Verunreinigungen können zugegen sein. Limonit ist gelb, bräunlich gelb oder orangebraun. Er kann feinkörnig, derb, stalaktitisch oder pulvrig sein. Viele Limonitanalysen enthüllen, dass es sich oft um reinen Goethit handelt.

BOHNERZ

GRUPPE: *Oxihydroxide*
KRISTALLSYSTEM: *variabel*
SPALTBARKEIT/BRUCH: *keine/uneben*
GLANZ/STRICH: *matt, erdig oder wachsartig/gelbbraun*
HÄRTE/DICHTE: *je nach Zusammensetzung/3,5–4,5*
HAUPTMERKMALE: *Farbe, Strich, Habitus*

SIDERIT *zusammen mit farblosem Quarz und dunkelbrauner Zinkblende in einem hydrothermalen Ganggestein.*

Siderit *Eisenspat*

$Fe^{2+}CO_3$

Siderit bildet unregelmäßige kristalline Massen oder rhomboedrische Kristalle mit gebogenen Flächen; geschätzter sind die selteneren länglich prismatischen Formen. Das verbreitete Mineral tritt oft in hydrothermalen Gängen sowie in der Oxidationszone von Eisenerzen auf. Auffallend glänzende, dunkelbraune Kristallmassen sind aus dem kryolithführenden Pegmatit von Ivigtut (Grönland) bekannt.

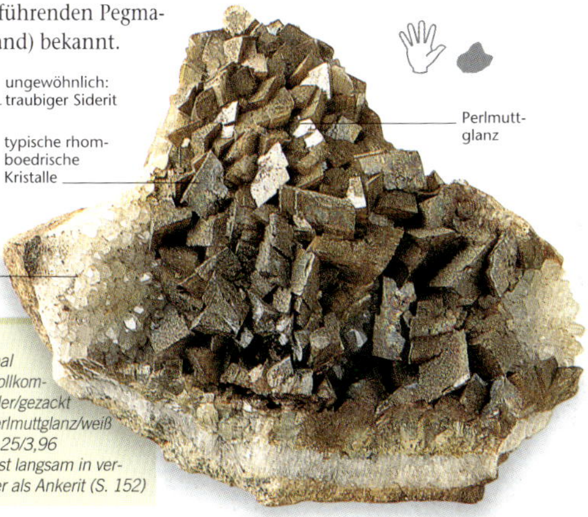

GRUPPE: *Carbonate*
KRISTALLSYSTEM: *trigonal*
SPALTBARKEIT/BRUCH: *vollkommen nach dem Rhomboeder/gezackt*
GLANZ/STRICH: *Glas-, Perlmuttglanz/weiß*
HÄRTE/DICHTE: *3,75–4,25/3,96*
HAUPTMERKMALE: *braust langsam in verdünnter Salzsäure; dunkler als Ankerit (S. 152)*

DUNKELGRÜNE *Kügelchen aus Dufrenit mit gelbem Cyrilovit auf Klüften eines kaolinisierten Granits in Cornwall (England).*

Dufrenit

$CaFe^{2+}{}_2Fe^{3+}{}_{10}(OH)_{12}(PO_4)_8 \cdot 4H_2O$

Dufrenit kristallisiert in Krusten, kugeligen, radialstrahligen Aggregaten und traubigen Belägen. Diese sind oft bunt gebändert, wobei das frische Innere dunkelgrün oder grünschwarz, der verwitterte Rand olivgrün bis braun ist. Die tafeligen Kristalle sind ziemlich abgerundet und zu garbenförmigen Aggregaten gebündelt. Dufrenit kommt zusammen mit anderen Phosphatmineralen bevorzugt in der Zementationszone von eisenreichen Erzlagern vor.

AUSSCHNITT

GRUPPE: *Phosphate*
KRISTALLSYSTEM: *monoklin*
SPALTBARKEIT/BRUCH: *vollkommen/uneben*
GLANZ/STRICH: *Glas- oder Seidenglanz/grün bis gelbgrün*
HÄRTE/DICHTE: *3,5–4,5/3,1–3,34*
HAUPTMERKMALE: *Habitus, Bänderung; zusammen mit anderen Phosphatmineralen*

Vivianit *Blaueisenerz*

$Fe^{2+}_3(PO_4)_2 \cdot 8H_2O$

BLAUER, *pulvriger Vivianit in einer Tongrube in Oxfordshire (England).*

Die Kristalle sind prismatisch, blockig oder blättrig und einzeln oder in strahligen Gruppen angeordnet. Ihre Farben sind dunkelindigoblau, blau oder grün bis schwarz. Hellblau dagegen sind Überzüge, Knollen und pulvrige Massen. Vivianit bildet sich in der Oxidationszone von Erzen sowie in Granitpegmatiten durch Verwitterung von Phosphatmineralen. Sedimentär kommt es in Seeablagerungen, in Raseneisenerzen (Moore) und in anderen Sedimenten vor, die reichlich organische Substanz oder Knochen enthalten. Hier kleiden die Kristalle Fossilgehäuse aus oder überziehen Knochen mit einem blauen Belag. Die feinblättrigen Kristalle dieses Beispiels füllten die von fossilen Muschelschalen hinterlassenen Hohlräume und Abformungen in einem Eisensandstein bei Kertsch (Ukraine).

AUSSCHNITT

ANMERKUNG

Wenn frischer und farbloser Vivianit an die Luft kommt, wird er schnell blau oder grün, weil das Eisen an der Mineraloberfläche aufoxidiert wird. Bei längerem Luftkontakt brechen manche Kristalle, weshalb Vivianit verschlossen aufbewahrt werden sollte. Blockige Kristallformen sind besonders gefährdet.

GRUPPE: *Phosphate*
KRISTALLSYSTEM: *monoklin*
SPALTBARKEIT/BRUCH: *vollkommen/splittrig*
GLANZ/STRICH: *Glasglanz; matt, wenn erdig/farblos, wird blau oder braun*
HÄRTE/DICHTE: *1,5–2/2,68*
HAUPTMERKMALE: *Farbe; löst sich geräuschlos in verdünnter Salzsäure*

DIESE ABRAUMHALDE *der Ting Tang-Grube in Cornwall (England) lieferte schöne Skorodite.*

Skorodit *Knoblaucherz*

$Fe^{3+}AsO_4 \cdot 2H_2O$

Skorodit ist violett, blaugrün, lauchgrün, grau, braun oder gelblichbraun. Die Kristalle können tafelig oder kurzprismatisch sein, meist sind sie jedoch dipyramidal und oktaederähnlich. Drusige Überzüge sind häufig, Skorodit kann aber auch erdig, porös oder derb erscheinen. Entsteht durch Verwitterung aus Arsenkies (S. 126) und anderen Arsenmineralen.

GRUPPE: *Arsenate*
KRISTALLSYSTEM: *orthorhombisch*
SPALTBARKEIT/BRUCH: *unvollkommen/schwach muschelig*
GLANZ/STRICH: *Glas- oder Harzglanz/weiß*
HÄRTE/DICHTE: *3,5–4/3,27*
HAUPTMERKMALE: *Skorodit fluoresziert nicht wie Adamin (S. 107) unter UV-Licht.*

PHARMAKOSIDERIT *findet sich weltweit, aber nur in sehr kleinen Mengen, z.B. im Lake District (England).*

Pharmakosiderit *Würfelerz*

$KFe^{3+}_4(AsO_4)_3(OH)_4 \cdot 6\text{–}7H_2O$

Einfache Kristallwürfel sind selten bei Phosphor- und Arsenmineralen – typisch hingegen für Pharmakosiderit. Die olivgrünen, grasgrünen, gelben, braunen oder roten Kristalle sind kaum größer als einige Millimeter. Sie werden z.B. von hydrothermalen Lösungen ausgeschieden, häufiger entstehen sie durch Verwitterung von Arsenkies und anderen Arsenmineralen. Braune Exemplare sind schwer vom viel selteneren Barium-Pharmakosiderit zu unterscheiden.

GRUPPE: *Arsenate*
KRISTALLSYSTEM: *kubisch*
SPALTBARKEIT/BRUCH: *kaum erkennbar/uneben*
GLANZ/STRICH: *Diamant- bis Fettglanz/weiß*
HÄRTE/DICHTE: *2,5/2,8*
HAUPTMERKMALE: *Kristallwürfel, die nicht die gute Spaltbarkeit von Fluorit (S. 156) haben.*

JAMAIKA *ist ein bedeutender Produzent von Bauxit, einem Rückstandsgestein aus Aluminiumoxiden und -hydroxiden.*

Bauxit

Gemenge aus Aluminiumoxiden und -hydroxiden

Gibbsit, Diaspor und Böhmit sind Aluminiumoxide oder -hydroxide, die bei der Verwitterung von aluminiumhaltigen Gesteinen anfallen. Wenn es zu einer Rückstandsanreicherung dieser Substanzen kommt, kann der Rohstoff Bauxit entstehen. Da Bauxit neben Quarz auch Tonminerale, Hämatit, Goethit und andere Eisenoxide enthält, variiert die Farbe von gelblich, orange, rosa über rot bis rotbraun. Er ist das mit Abstand wichtigste Aluminiumerz. Bauxit bildet flache, aber ausgedehnte Vorkommen in den Tropen und Subtropen. Nur hier verwittern aluminiumreiche Gesteine unter dem extrem feuchtheißen Klima chemisch zu Bauxit. Seine Struktur ist knollig, pisolithisch oder erdig. Der Name geht auf die alten Abbaue bei Les Baux in Südfrankreich zurück.

GIBBSIT

DIASPOR

BÖHMIT

GRUPPE: *Oxide und Hydroxide*
KRISTALLSYSTEM: *variabel*
SPALTBARKEIT/BRUCH: *keine/unregelmäßig*
GLANZ/STRICH: *matt, wachsartig, erdig/weiß, gelb, rotbraun*
HÄRTE/DICHTE: *je nach Zusammensetzung*
HAUPTMERKMALE: *Farbe, pisolithische Struktur*

ANMERKUNG

Aluminium ist ein belastbares, leichtes, vielseitig einsetzbares Metall und leitet hervorragend Wärme. Es ist weit verbreitet in der Erdkruste und ist in zahlreichen Mineralen enthalten. Das einzig wirtschaftlich bedeutende Aluminiumerz ist Bauxit. Bei anderen Aluminiumerzen ist die Gewinnung von Aluminium sehr aufwändig.

Wavellit

$Al_3(PO_4)_2(OH,F)_3 \cdot 5H_2O$

Kugelige oder flache Aggregate aus radialstrahligen Kristallnadeln sind typisch für Wavellit. Das Aluminiumphosphatmineral ist meist grün, kann aber auch weiß, gelb, braun oder schwarz sein. Wavellit ist meist ein Sekundärmineral, das Klüfte und Brüche in niedriggradig metamorphen Gesteinen auskleidet, aber auch in Phosphatlagerstätten und als Verwitterungsprodukt von Phosphatmineralen in Graniten und Pegmatiten vorkommt.

WAVELLIT *wurde in Irland an vielen Orten gefunden, u.a. in Kinsale.*

AUSSCHNITT

GRUPPE: *Phosphate*
KRISTALLSYSTEM: *orthorhombisch*
SPALTBARKEIT/BRUCH: *vollkommen/uneben*
GLANZ/STRICH: *Glas-, Wachs-, Perlmuttglanz/weiß*
HÄRTE/DICHTE: *3,5–4/2,36*
HAUPTMERKMALE: *Farbe, Habitus*

Türkis

$Cu^{2+}Al_6(PO_4)_4(OH)_8 \cdot 4H_2O$

Die Farbe des Türkis variiert von himmelblau bis grün. Kristalle sind selten, Knollen und feinkörnige Massen dagegen häufiger und bilden sich dort, wo kupferhaltige Lösungen mit aluminiumreichen Gesteinen reagieren. Türkis ist ein geschätzter Edelstein mit besonders schönen Exemplaren aus Nishapur (Iran), Karatube (Turkestan) und Los Cerillos (New Mexico), wo ihn schon die Azteken abbauten.

TÜRKIS *kommt auch aus dieser Tongrube in Cornwall (England), wo er kleine Aushöhlungen in massigem Türkis auskleidet.*

GRUPPE: *Phosphate*
KRISTALLSYSTEM: *triklin*
SPALTBARKEIT/BRUCH: *vollkommen/muschelig oder spröde*
GLANZ/STRICH: *matt, schwacher Wachsglanz/weiß oder hell blaugrün*
HÄRTE/DICHTE: *5–6/2,86*
HAUPTMERKMALE: *Farbe, derb*

Zinnstein *Cassiterit*

SnO_2

DIESES EHEMALIGE *Maschinenhaus steht in Cornwall (England), wo seit den Römern bis ins 20. Jh. Zinnstein gefördert wurde.*

Dieses Zinnoxid ist das einzig bedeutende Zinnerz. Es ist braun oder schwarz, seltener grau oder weiß. Die Kristalle sind kurzprismatisch und oft verzwillingt, oder sie bilden traubige Massen, bekannt als »Holzzinn«. Zinnstein findet man in Graniten und hochtemperierten Hydrothermalgängen und wegen seiner Dichte auch in Seifen. Hauptvorkommen in China, Indonesien und Peru.

VARLAMOFFIT

GRUPPE: *Oxide*
KRISTALLSYSTEM: *tetragonal*
SPALTBARKEIT/BRUCH: *schwach/uneben bis schwach muschelig*
GLANZ/STRICH: *Diamantglanz, auf Bruchflächen Fettglanz/weiß bis hellbraun oder grau*
HÄRTE/DICHTE: *6–7/6,98*
HAUPTMERKMALE: *dichter als Zinkblende*

Wolframit

$Mn^{2+}WO_4$ (=Hübnerit) – $Fe^{2+}WO_4$ (= Ferberit)

AUSGEDEHNTE *Abraumhalden zeugen von der Förderung von Wolframit im Bergwerk Panasqueira (Portugal).*

Wolframit ist ein Mischkristall aus den Komponenten Hübnerit (Mangan-Wolframat) und Ferberit (Eisen-Wolframat). Typisch sind prismatische oder tafelige, opake graue Kristalle in Graniten und hochtemperierten Hydrothermalgängen. Wolframit ist ein wichtiges Wolframerz.

HÜBNERIT

GRUPPE: *Wolframate*
KRISTALLSYSTEM: *monoklin*
SPALTBARKEIT/BRUCH: *vollkommen/uneben*
GLANZ/STRICH: *submetallisch/braunschwarz*
HÄRTE/DICHTE: *4–4,5/7,12–7,58*
HAUPTMERKMALE: *Ferberit ist opak und fast schwarz; Hübnerit ist durchscheinend und rot oder rotbraun.*

Scheelit *Tungstein*

$CaWO_4$

Unregelmäßig geformte Massen farblosen, grauen, orangen oder hellbraunen Scheelits sind schwer zu identifizieren, aber unter UV-Licht fluoreszieren sie lebhaft blauweißlich. Gut ausgebildete Kristalle sind dipyramidal und kommen in hochtemperierten Hydrothermalgängen, in Greisen und in kontaktmetamorphen Gesteinen vor. Schöne Exemplare kommen aus Chungju (Südkorea), aus Pingwu in Sechuan (China), aus Bispberg (Schweden) und anderen Fundorten Europas.

HOCHTEMPERIERTE *Quarzgänge wie dieser in Cumbria (England) enthalten Scheelit neben Wolframit.*

AUSSCHNITT

GRUPPE: *Wolframate*
KRISTALLSYSTEM: *tetragonal*
SPALTBARKEIT/BRUCH: *kaum erkennbar/schwach muschelig bis uneben*
GLANZ/STRICH: *Glas-, Diamantglanz/weiß*
HÄRTE/DICHTE: *4,5–5/6,1*
HAUPTMERKMALE: *Farbe, Fluoreszenz*

Molybdänit *Molybdänglanz*

MoS_2

Molybdänit ist ein sehr weiches, opakes Mineral mit tafeligen, hexagonalen Kristallen, das auch in blättrigen Massen, Schuppen und als Körner vorkommt. Mit Wolframit und Scheelit verbirgt es sich u.a. in kontaktmetamorphen Gesteinen.

MOLYBDÄNERZE *und Kupferkies treten oft zusammen auf wie hier in dem riesigen Tagebau in Bingham im Bundesstaat Utah (USA).*

GRUPPE: *Sulfide*
KRISTALLSYSTEM: *hexa- und trigonal*
SPALTBARKEIT/BRUCH: *vollkommen/schuppig*
GLANZ/STRICH: *Metallglanz/bläulich grau*
HÄRTE/DICHTE: *1–1,5/4,62–4,73*
HAUPTMERKMALE: *weich, biegsam, schneidbar; dichter als Graphit (S. 216); Anflug von Blau in Farbe und Strich*

DIE RÖSSING-MINE *in Namibia zählt zu den größten Uranerz-Tagebauen der Welt.*

Uranpecherz
Uraninit, Pechblende

UO_2

Das Mineral ist schwarz, manchmal mit etwas Grün oder Braun. Schöne kubische Kristalle von Uraninit sind sehr selten, in der Regel traubig-nierig oder gebändert. Die derbe Varietät heißt Pechblende. Uranpecherz findet sich vor allem in Graniten, Syeniten, Pegmatiten und in hydrothermalen Sulfiderzgängen. Uranpecherz ist hochradioaktiv, deshalb sind besondere Vorkehrungen für Einlagerung und Handhabung zu treffen.

GRUPPE: *Oxide*
KRISTALLSYSTEM: *kubisch*
SPALTBARKEIT/BRUCH: *gut nach dem Oktaeder/uneben bis muschelig*
GLANZ/STRICH: *Fettglanz, matt/grün oder grau glänzend*
HÄRTE/DICHTE: *5–6/10,63–10,95*
HAUPTMERKMALE: *hochradioaktiv*

GEOLOGEN *untersuchen diese Tuffe am Cook Inlet in Alaska (USA) nach Carnotit.*

Carnotit

$K_2(UO_2)_2(VO_4)_2 \cdot 3H_2O$

Hellgelber Carnotit kristallisiert in der Regel als Belag sowie in Form derber oder pulvriger Aggregate. Fundstellen sind flache Oberflächenvorkommen, wo er sich aus verwitternder Pechblende und anderen Uranmineralen bildet. Auch in Sandsteinen, die von uran- und vanadiumhaltigen Lösungen imprägniert wurden, tritt er auf. Seine Radioaktivität erfordert Vorkehrungen bei Handhabung und Lagerung.

GRUPPE: *Vanadate*
KRISTALLSYSTEM: *monoklin*
SPALTBARKEIT/BRUCH: *vollkommen/keiner*
GLANZ/STRICH: *erdig, matt oder seidig/hellgelb*
HÄRTE/DICHTE: *unter 2/4,7*
HAUPTMERKMALE: *radioaktiv; pulvriges Substrat; Kristalle selten*

Autunit *Kalkuranglimmer*

$Ca(UO_2)_2(PO_4)_2 \cdot 10\text{-}12H_2O$

Die grünlichen oder zitronengelben, tafeligen Autunitkristalle sind recht- oder achteckig; neben groben Aggregaten kommen vor allem schuppige Beläge vor. Typisch für die Oxidationszone von Uranerzen wie z.B. uranhaltige Magmatite und hydrothermale Gänge. Durch Wasserverlust entsteht Metaautunit. Beide fluoreszieren unter UV-Licht und sind radioaktiv.

HELLGELBE *Autunit-Mikrokristalle überziehen diese Kluft in einem Granit in Devon (England).*

AUSSCHNITT

GRUPPE: *Phosphate*
KRISTALLSYSTEM: *tetragonal*
SPALTBARKEIT/BRUCH: *vollkommen, glimmerartig/uneben*
GLANZ/STRICH: *Glas-, Perlmuttglanz/gelb*
HÄRTE/DICHTE: *2–2,5/3,05–3,2*
HAUPTMERKMALE: *radioaktiv; tafelige oder plattige Kristalle*

Torbernit *Kupferuranglimmer*

$Cu^{2+}(UO_2)_2(PO_4)_2 \cdot 8\text{-}12H_2O$

Dieses radioaktive Mineral ist gras- bis smaragdgrün und kristallisiert in isolierten, quadratischen Tafeln, in blättrig-streifigen oder garbenförmigen Gruppen sowie schuppigen Belägen. Häufig in der Oxidationszone von Uran- und Kupfererzen.

KLEINE MENGEN *Torbernit neben anderen Uranmineralen wurden in Cornwall (England) gefunden.*

AUSSCHNITT

GRUPPE: *Phosphate*
KRISTALLSYSTEM: *tetragonal*
SPALTBARKEIT/BRUCH: *vollkommen, glimmerartig/uneben*
GLANZ/STRICH: *Glas-, Wachsglanz/blassgrün*
HÄRTE/DICHTE: *2–2,5/3,22*
HAUPTMERKMALE: *radioaktiv; tafelige, quadratische, grüne Kristalle ähnlich Metatorbernit*

DIESE NIOB- *und Tantalerze werden aus einem Pegmatit in Süd-Dakota (USA) gefördert.*

Columbit

Niobit $(Fe,Mn)(Nb,Ta)_2O_6$ – Tantalit $(Fe,Mn)(Ta,Nb)_2O_6$

Columbit bezeichnet die Mischkristallreihe aus dem niobreichen Endglied Niobit und dem tantalreichen Tantalit. Je nachdem, ob jeweils Eisen oder Mangan überwiegt, wird zusätzlich durch die Vorsilbe »Ferro-« bzw. »Mangano-« unterschieden. In Afrika nennt man tantalreiche Columbite »Coltan«. Columbit ist derb, braun oder schwarz; die Kristallform ist tafelig oder prismatisch. Vorkommen in Granitpegmatiten oder sedimentär.

GRUPPE: *Oxide*
KRISTALLSYSTEM: *orthorhombisch*
SPALTBARKEIT/BRUCH: *kaum sichtbar/ schwach muschelig oder uneben*
GLANZ/STRICH: *submetallisch bis Glasglanz/rot, braun oder schwarz*
HÄRTE/DICHTE: *6–6,5/5,17–8,0*
HAUPTMERKMALE: *hohe Dichte, Farbe*

AUSSCHNITT

PYROCHLORVORKOMMEN *im Dande-Doma-Carbonatit in Simbabwe.*

Pyrochlor

$(Ca,Na)_2Nb_2O_6F$

Pyrochlor ist orange, rotbraun, rot, braun oder schwarz; die Kristalle sind oktaedrisch mit variablen Flächen, oder derb bzw. körnig aggregiert. Das Mineral bildet sich in Carbonatiten, Pegmatiten und akzessorisch in Alkaligesteinen sowie angereichert in manchen Seifen. Wenn Uran und Thorium beigemengt sind, kann Pyrochlor radioaktiv sein.

GRUPPE: *Oxide*
KRISTALLSYSTEM: *kubisch*
SPALTBARKEIT/BRUCH: *undeutlich/uneben, splitterig*
GLANZ/STRICH: *Glas-, Wachsglanz/gelb bis braun*
HÄRTE/DICHTE: *5–5,5/4,45–4,9*
HAUPTMERKMALE: *Form; leicht radioaktiv*

Monazit

$(Ce,La,Nd,Th)PO_4$

Der an Cer reiche Monazit ist der bekannteste von den vier Monazit-Varietäten. Das Mineral ist braun, rosa oder grau, die Kristalle tafelig, prismatisch oder keilförmig, alternativ bilden sie körnige oder derbe Aggregate. Sie treten in Carbonatiten, Pegmatiten, Gneisen und Kluftfüllungen auf, aber auch in Seifenlagerstätten. Bei höheren Thoriumanteilen radioaktiv.

DIESER CARBONATIT *aus Katete (Simbabwe) enthält Monazit.*

GRUPPE: *Phosphate*
KRISTALLSYSTEM: *monoklin*
SPALTBARKEIT/BRUCH: *deutlich/uneben, muschelig*
GLANZ/STRICH: *Glas-, Wachs-, Harz- oder Diamantglanz/weiß oder hellbraun*
HÄRTE/DICHTE: *5–5,5/4,98–5,43*
HAUPTMERKMALE: *Form, Radioaktivität*

Xenotim

YPO_4

Das Yttriumphosphat Xenotim ist braun, rot, gelb oder grau, die Kristalle sind prismatisch oder gleichkörnig, oft mit pyramidalen Enden. Diese können strahlige oder rosettenförmige Aggregate bilden. Dieser wichtige Yttrium-Rohstoff ist ein akzessorischer Gemengteil in Graniten und Alkaligraniten, Gneis, alpinen Klüften und klastischen Sedimenten. Spuren von Uran und Thorium können enthalten sein.

SPUREN VON URAN *im Xenotim verwendet man zur radiometrischen Altersbestimmung von Sedimentgesteinen, in denen er enthalten ist, wie hier bei Kimberley (Australien).*

AUSSCHNITT

GRUPPE: *Phosphate*
KRISTALLSYSTEM: *tetragonal*
SPALTBARKEIT/BRUCH: *gut/uneben, splitterig*
GLANZ/STRICH: *Glas-, Harzglanz/gelb bis braun*
HÄRTE/DICHTE: *4–5/4,4–5,1*
HAUPTMERKMALE: *Form; schwach radioaktiv*

Allanit *Orthit*

DUNKLE LAGE *mit reichlich Allanit-(Ce) in einem Aufschluss im Namaqualand (Südafrika).*

$(Ca,Ce,La)_2(Al,Fe^{2+},Fe^{3+})_3(Si_3O_{12})(OH)$

Allanitminerale können viele verschiedene Elemente aufnehmen; an Cer reiche Allanite heißen Allanit-(Ce), an Yttrium reiche Allanit-(Y). Beide sind schwach radioaktiv. Allanit-(Ce) entwickelt tafelige oder prismatische, braune bis schwarze Kristalle. Auch derbe oder blättrige Aggregate oder eingelagerte Körner kommen vor. In Graniten, Syeniten, Pegmatiten und bestimmten metamorphen Gesteinen. Wichtige Fundstellen liegen in Norwegen, Schweden, Finnland und Grönland.

AUSSCHNITT

GRUPPE: *Gruppensilikate*
KRISTALLSYSTEM: *monoklin*
SPALTBARKEIT/BRUCH: *unvollkommen/muschelig bis uneben*
GLANZ/STRICH: *Glas-, Harzglanz oder submetallisch/graubraun*
HÄRTE/DICHTE: *5,5–6/5,3,5–4,2*
HAUPTMERKMALE: *Form, Farbe und Glanz*

Gadolinit

DIESER PEGMATIT *in Ytterby (Schweden) enthält schwarzen Gadolinit-(Y) mit Biotit und hellem Feldspat.*

$Y_2Fe^{2+}Be_2Si_2O_{10}$

Gadolinit enthält neben Yttrium auch Cer, Lanthan und andere Seltene Erden. Gadolinit-(Y) bildet schwarze, grünschwarze oder dunkelbraune, prismatische Kristalle oder derbe Aggregate; dünnblättrige Splitter sind grün durchscheinend. Das Mineral kristallisiert in Graniten und Granitpegmatiten. Spuren von Uran und Thorium machen es schwach radioaktiv.

GRUPPE: *Ringsilikate*
KRISTALLSYSTEM: *monoklin*
SPALTBARKEIT/BRUCH: *keine/muschelig, splitterig*
GLANZ/STRICH: *Glas-, Fettglanz/grünlich grau*
HÄRTE/DICHTE: *6,5–7/4,36–4,77*
HAUPTMERKMALE: *Splitter grün durchscheinend*

Chromit *Chromeisenerz*

$Fe^{2+}Cr_2O_4$

Chromit ist das wichtigste Chromerz mit opaken, dunkelbraunen bis schwarzen Kristallen, die als Oktaeder kristallisieren, oft auch in derben oder körnigen Aggregaten. Chromit bildet ausgedehnte Lagen in basischen geschichteten Intrusionen, die auch bei einer metamorphen Umwandlung dieser Gesteine erhalten bleiben.

DUNKLE, CHROMITREICHE *Bänder in Anorthosit, einem Kumulatgestein bei Dwars River am östlichen Bushveld-Komplex (Südafrika).*

GRUPPE: *Oxide*
KRISTALLSYSTEM: *kubisch*
SPALTBARKEIT/BRUCH: *keine/uneben*
GLANZ/STRICH: *(sub)metallisch/braun*
HÄRTE/DICHTE: *5,5/4,5–4,8*
HAUPTMERKMALE: *ähnlich Magnetit (S. 126), jedoch schwach magnetisch*

Platin

Pt

Dieses Edelmetall ist opak, silbergrau und von hoher Dichte. Kubische Kristalle findet man selten, vielmehr tritt körniges Platin verstreut zusammen mit Chrom- und Kupfererzen in (ultra)basischen geschichteten Intrusionen auf. Erodieren solche Körper, reichert sich Platin in Form von Körnern und Nuggets auf sekundärer Seifenlagerstätte an. Es legiert mit Eisen und ist dann magnetisch.

PLATINABBAU *am Merensky Reef (Südafrika), eine der reichsten Platinlagerstätten der Welt.*

GRUPPE: *gediegene Elemente*
KRISTALLSYSTEM: *kubisch*
SPALTBARKEIT/BRUCH: *keine/hakig*
GLANZ/STRICH: *Metallglanz/silber-metallisch*
HÄRTE/DICHTE: *4–4,5/14–19*
HAUPTMERKMALE: *sehr hohe Dichte; silbergraues, formbares Metall; verwittert nicht*

Gesteinsbildende Minerale

Dieses Kapitel beschreibt zunächst Minerale, die in allen Gesteinen vorkommen (S. 143–167) können, dann solche, die hauptsächlich oder nur in Sedimentgesteinen (S. 168–175), in magmatischen Gesteinen (S. 176–196) oder in metamorphen Gesteinen (S. 197–216) auftreten. Talk findet man z.B. nur in metamorphen Gesteinen wie an den Kliffs von Kynance Cove (Südengland, unten). Auch Minerale hydrothermaler Gänge, die nicht zu den Erzen zählen, werden erwähnt.

MUSKOVIT

BERYLL

GIPS

SERPENTIN

Quarz

SiO_2

Dieses außerordentlich verbreitete Mineral bildet sechsseitige Kristalle mit Pyramiden als Spitzen. Die Kristalle sind oft prismatisch und quergestreift. Quarz tritt häufig auch derb auf sowie körnig in Strandsanden. Extrem feinkörnigen Quarz nennt man Chalcedon. Die Farbe kann sehr verschieden sein, meist ist sie jedoch farblos oder weiß. Violetter Amethyst und brauner Rauchquarz sind relativ häufig, während Citrin, eine gelbe Varietät, selten ist (mancher so genannte »Citrin« ist wärmebehandelter Amethyst). Seltener ist auch rosa Rosenquarz, der häufiger derb zu finden ist. Quarz ist gesteinsbildend in Graniten und Granitpegmatiten, in Quarziten und vielen Sandsteinen. Auch in hydrothermalen Gängen und alpinen Klüften (»Bergkristall«).

IN DEN *Cairngorm-Bergen Schottlands findet man die seltene Quarzvarietät Cairngorm.*

GESCHLIFFENER RAUCHQUARZ

GESCHLIFFENER ROSENQUARZ

AMETHYST

ROSENQUARZ

BERGKRISTALL

CITRIN

TIGERAUGE

GRUPPE: *Oxide oder Gerüstsilikate*
KRISTALLSYSTEM: *trigonal*
SPALTBARKEIT/BRUCH: *keine/muschelig*
GLANZ/STRICH: *Glasglanz/weiß*
HÄRTE/DICHTE: *7/2,65*
HAUPTMERKMALE: *hartes Mineral mit muscheligem Bruch; häufig Streifung senkrecht zur Längsachse*

ANMERKUNG

Das orangebraune Tigerauge und das blaue Falkenauge (Glanz siehe S. 17) sind Pseudomorphosen nach Riebeckit (S. 163), d.h. Quarz hat das Asbestmineral ersetzt. Geschnitten und glatt skulpturiert werden sie als Schmucksteine (»Cabochons«) verkauft. Sie zeichnen sich durch die Schönheit des ersetzten Faserasbests aus.

AUS DIESEM *Basaltkliff auf der Insel Haida Gwaii in British Columbia (Kanada) wittern Achate heraus.*

Chalcedon

SiO_2

Chalcedon ist extrem feinkörniger Quarz und kommt in vielen geologischen Bildungsmilieus vor. Er ist gewöhnlich weiß, braun, grau oder graublau und oft von nierigem Aussehen. An Varietäten existieren Feuerstein und Chert, Jaspis, Karneol, Chrysopras, Sard (durchscheinend braun), Prasem (lauchgrün) und Plasma (dunkelgrün). Plasma mit roten, hämatitreichen Flecken heißt Heliotrop. Achat ist gebänderter Chalcedon und bildet sich in Gasblasenhohlräumen von flüssiger Lava. Die konzentrischen Bänder sind farblos, weiß, grau, graublau, braun, gelb, rosa, rot oder schwarz. Ein Onyx ist entweder ein cremig weißer Achat oder einer mit ebenen, parallelen oder mit schwarz-weißen Bändern. Sardonyx hat Bänder aus Sard, Blauachat hellblaue Bänder. Moosachat ist ungebändert und enthält moosgrünen Chlorit, braunen Goethit oder schwarzes Manganoxid.

AUSSCHNITT

CHRYSOPRAS

HELIOTROP/BLUTSTEIN

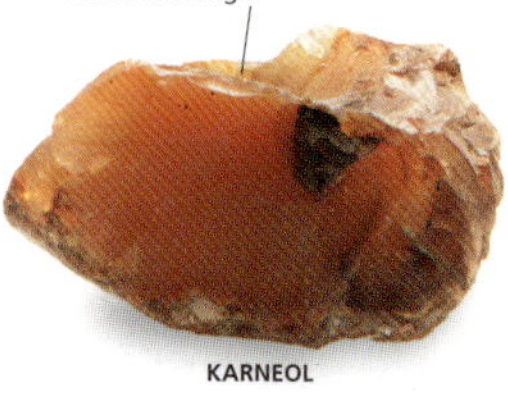

KARNEOL

JASPIS

MOOSACHAT

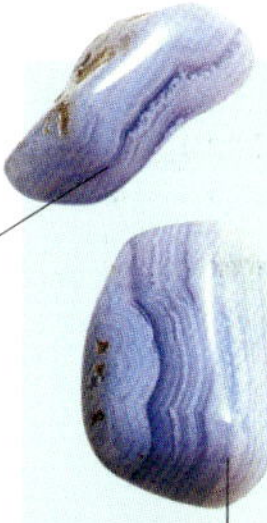

SARDONYX

BLAUACHAT

ACHAT

GRUPPE: *Oxide oder Gerüstsilikate*
KRISTALLSYSTEM: *trigonal*
SPALTBARKEIT/BRUCH: *keine/uneben*
GLANZ/STRICH: *Wachsglanz, matt/weiß*
HÄRTE/DICHTE: *7/2,59–2,63*
HAUPTMERKMALE: *keine Kristallflächen sichtbar; vermeintliche »Kristalle« sind Pseudomorphosen nach anderen Mineralen*

ANMERKUNG

Lebhaft rosa, grüne, blaue, violette, rote oder braune Achate in Mineralienläden sind häufig künstlich eingefärbt. Ursprünglich waren sie blaugrau und kommen meist aus brasilianischen Basaltsteinbrüchen. Chalcedon nimmt Farben leicht auf, wenngleich aufgrund unterschiedlicher Porosität der Bänder verschieden stark.

Opal

$SiO_2 \cdot nH_2O$

Opal hat eine Sonderstellung inne – er ist amorph, d.h. er bildet keine Kristalle. Er ist meist weiß, grau, hellbraun oder gelb und zeigt Wachsglanz. Edelopal ist auffallend hübsch, und im Gegenlicht gedreht scheinen seine Farben zu pulsieren. Der meiste Edelopal kommt aus Australien, orangeroter Feueropal dagegen aus Mexiko. Andere Varietäten umfassen den perlenartigen Fiorit und den farblosen, traubigen Hyalit (Glasopal). Opalverkieselte Hölzer nennt man Holzopal. Opal fällt aus Kieselsäure-Gel unter niedrigen Temperaturen in vielerlei Gesteinen aus, u.a. auch in der Umgebung von heißen Quellen und Fumarolen.

DIE STADT *der Opale, Coober Pedy (Australien), breitet sich seit 1915 an dem Ort aus, an dem ein 14-jähriger Junge den ersten Edelopal fand.*

AUSSCHNITT

GEMEINER OPAL

FEUEROPAL

FIORIT

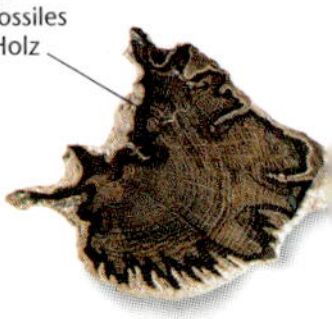

HOLZOPAL

ANMERKUNG

Opal besteht aus SiO_2-Mikrokügelchen, die, wie im Edelopal, dichtest gepackt sind. Die Lücken zwischen den Kügelchen sind gerade so groß, um weißes Licht in Spektralfarben zu zerlegen und, je nach Kügelchengröße, bestimmte Farben an den Betrachter zu reflektieren.

GRUPPE: *Silikate*
KRISTALLSYSTEM: *amorph (nicht kristallin)*
SPALTBARKEIT/BRUCH: *keine/muschelig*
GLANZ/STRICH: *Glas-, Wachsglanz/weiß*
HÄRTE/DICHTE: *5,5–6,5/1,99–2,25*
HAUPTMERKMALE: *keine Kristalle; meist Wachsglanz*

Korund

Al_2O_3

Kaum zu glauben, dass Rubin und Saphir Edelsteinvarianten von Korund sind. Meist ist er weiß, grau oder braun, als Edelsteinfarbe bei Rubin und Padparadscha rot, rubinrot und orangepink, bei Saphir farblos, blau, grün, gelb, orange, violett und rosa. Die Kristalle sind rau und generell hexagonal, entweder tafelig, tonnenförmig oder dipyramidal. Auch körnige und derbe Aggregate kommen vor. Vermengt mit Magnetit liegt das Schleifmaterial Schmirgel vor. Korund tritt in Syeniten, bestimmten Pegmatiten und hochgradig metamorphen Gesteinen auf. Anreicherung auch in Seifen.

FARBENPRÄCHTIGE *Saphiredelsteine findet man in den Schottern bei Eldorado Bar in Montana (USA).*

RUBIN

SAPHIR

GEMEINER KORUND

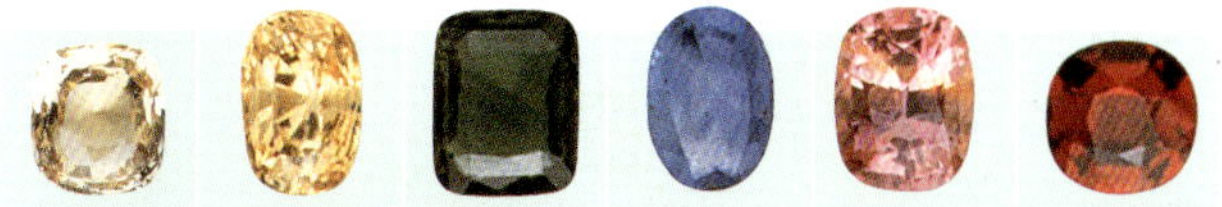

WEISSER SAPHIR | **GELBER SAPHIR** | **GRÜNER SAPHIR** | **SAPHIR** | **PADPARADSCHA** | **RUBIN**

GRUPPE: *Oxide*
KRISTALLSYSTEM: *trigonal*
SPALTBARKEIT/BRUCH: *keine, aber Absonderungen/muschelig bis uneben*
GLANZ/STRICH: *Glas- bis Diamant-, z.T. Perlmuttglanz/weiß*
HÄRTE/DICHTE: *9/4,0–4,1*
HAUPTMERKMALE: *Härte, Form*

ANMERKUNG

Spuren von Chrom färben Rubin rot. Das Blau des Saphirs geht auf Spuren von Titan und Eisen zurück. Alle anderen Korundedelsteine heißen auch Saphir, also z.B. rosa Saphir, gelber Saphir oder farbloser, weißer Saphir. Eisen-, Chrom- und andere Metallspuren sind hier farbgebend.

DIE MASVINGO-GRANITE *in Simbabwe (Afrika) sind für ihre Alexandrit-Fundstellen bekannt.*

Chrysoberyll

$BeAl_2O_4$

Gelbes, grünes oder braunes Mineral mit tafeligen oder kurzprismatischen Kristallen, die sich zu herzförmigen oder pseudohexagonalen Zwillingen vereinen können. Vorkommen in bestimmten Pegmatiten, in Gneis, Glimmerschiefer oder Marmor, aber auch in Sanden und Schottern. Zwei Varietäten, Alexandrit und Katzenauge, werden als ungewöhnliche Schmucksteine geschätzt. Katzenauge enthält faserige Asbestkristalle, die bei einem polierten Stein das Licht entlang der Oberfläche reflektieren – diesen Effekt nennt man Chatoyance (»Katzenaugeneffekt«).

ALEXANDRIT

KATZENAUGE

ALEXANDRIT-EDELSTEINE

GRUPPE: *Oxide*
KRISTALLSYSTEM: *orthorhombisch*
SPALTBARKEIT/BRUCH: *deutlich/uneben bis muschelig*
GLANZ/STRICH: *Glasglanz/weiß*
HÄRTE/DICHTE: *8,5/3,75*
HAUPTMERKMALE: *Härte; Farbwechsel bei Glühlampenlicht*

ANMERKUNG

Chrom färbt Smaragde grün und Rubine rot; Alexandrit wirkt durch Chrom bei Tageslicht grün, bei Glühlampenlicht jedoch bräunlichrot. Die ersten Funde von Alexandrit wurden aus dem Ural gemeldet, heute kommt er hauptsächlich aus Lavra di Hematita, Minas Gerais (Brasilien).

Spinell

$MgAl_2O_4$

Die bekanntesten Farben des Spinells sind blau, purpur, rot und rosa, es gibt den Halbedelstein aber auch in anderen Farben. Die Kristalle sind meist oktaedrisch und manchmal verzwillingt, daneben tritt Spinell derb und körnig auf. Als Begleitmineral ist er in Basalten, Kimberliten, Peridotiten und anderen Magmatiten, aber auch in aluminiumreichen Schiefern und metamorphem Kalkstein präsent. In Flusssanden gerundete Kristalle kommen aus Sri Lanka.

HOBBY-EDELSTEINSUCHER *können in diesen Schottern in Anakie, Queensland (Australien) ihr Glück versuchen; sie enthalten Spinell und Saphir.*

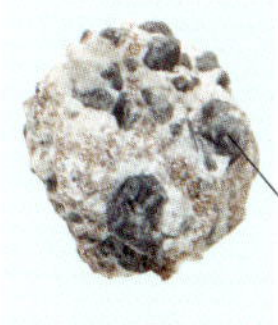

GRUPPE: *Oxide*
KRISTALLSYSTEM: *kubisch*
SPALTBARKEIT/BRUCH: *keine, aber Absonderungen/muschelig, uneben oder splitterig*
GLANZ/STRICH: *Glasglanz/weiß*
HÄRTE/DICHTE: *7,5–8/3,6–4,1*
HAUPTMERKMALE: *roter, blauer oder violetter Edelstein in Form oktaedrischer Kristalle*

Lazulith *Blauspat*

$MgAl_2(PO_4)_2(OH)_2$

Himmelblau, blaugrün und dunkelgrün sind die typischen Farben des Lazuliths, dessen Kristalle pyramidal, tafelig, körnig oder derb ausgeformt sind. Er findet sich in metamorphen Gesteinen, z.B. Schiefern und Quarziten, in Nachbarschaft zu Pegmatiten und in Flusssanden. Kristalle aus Georgia (USA) sind nahezu opak, die aus Yukon (Kanada) und NW-Pakistan sind durchscheinend.

BLAUER LAZULITH, *hier zusammen mit Siderit, ist der offizielle Edelstein Yukons (Kanada).*

GRUPPE: *Phosphate*
KRISTALLSYSTEM: *monoklin*
SPALTBARKEIT/BRUCH: *oft nicht erkennbar, z.T. gut/uneben oder splitterig*
GLANZ/STRICH: *Glasglanz, matt/weiß*
HÄRTE/DICHTE: *5,5–6/3,12–3,24*
HAUPTMERKMALE: *Namensverwechslung gegeben mit Lasurit (= Lapislazuli, S. 225)*

CALCIT *ist der Baustoff von Stalaktiten und Stalagmiten vieler Höhlen sowie von gebändertem Travertin im Umfeld von Thermalquellen.*

Calcit *Kalkspat*

$CaCO_3$

Überaus verbreitetes Mineral, farblos, weiß oder durch Verunreinigungen gefärbt. Skalenoedrische, rhomboedrische und prismatische Formen können kombiniert auftreten. Kristalle mit stumpfer Spitze heißen Nagelkopfcalcite, solche mit spitzem Ende Hundezahncalcite. Kristalle mit klarer rhomboedrischer Spaltbarkeit und optischer Doppelbrechung nennt man Doppel- oder Islandspat. Oft auch körnig oder derb. Bestandteil von Kalkstein, Marmor und anderen carbonatischen Sedimenten, aber auch in Hydrothermalgängen und Magmatiten.

NAGELKOPFCALCIT

HUNDEZAHNCALCIT

DOPPEL- ODER ISLANDSPAT

GRUPPE: *Carbonate*
KRISTALLSYSTEM: *trigonal*
SPALTBARKEIT/BRUCH: *vollkommen nach dem Rhomboeder/muschelig, schwer erkennbar*
GLANZ/STRICH: *Glasglanz/weiß*
HÄRTE/DICHTE: *3/2,71*
HAUPTMERKMALE: *vollkommene Spaltbarkeit; reagiert mit verdünnter HCl*

ANMERKUNG

Ein Lichtstrahl, der einen doppelbrechenden Kristall durchdringt, wird in zwei polarisierte Teilstrahlen aufgeteilt. Dieses Phänomen gilt natürlich auch für die Betrachtung von Gegenständen durch einen solchen Kristall: Man nimmt Doppelbilder davon wahr. Calcit-Rhomboeder zeigen diese Doppelbrechung besonders deutlich.

Aragonit

$CaCO_3$

Trotz der chemisch gleichen Zusammensetzung ist Aragonit doch recht verschieden von Calcit. Die Kristalle sind tafelig, prismatisch oder nadelig, häufig mit spitz zulaufenden, pyramiden- oder meißelförmigen Enden; sie können säulige oder strahlige Aggregate bilden. Vielfach verzwillingte, hexagonalähnliche Exemplare sind nicht selten. Aragonit ist typisch für Sedimente des flachmarinen Bereichs und Baustoff vieler Weichtiergehäuse. Auch Perlen bestehen großteils daraus. Kommt auch in Salzgesteinen, Ablagerungen heißer Quellen und in Höhlen vor, wo Aragonit korallenähnliche Formen bildet, die man »Eisenblüte« oder Flos Ferri nennt. Daneben noch in einigen metamorphen und magmatischen Gesteinen.

DIESE NADELIG *zusammengesetzten Aragonitkugeln auf Eisenglanz und Quarz stammen aus Cumbria (England).*

»EISENBLÜTE« (FLOS FERRI)

GRUPPE: *Carbonate*
KRISTALLSYSTEM: *orthorhombisch*
SPALTBARKEIT/BRUCH: *undeutlich/nahezu muschelig*
GLANZ/STRICH: *schwacher Glasglanz/weiß*
HÄRTE/DICHTE: *3,5–4/2,95*
HAUPTMERKMALE: *Tendenz zur Umwandlung in Calcit (S. 150); reagiert mit verdünnter HCl*

ANMERKUNG

Aragonit findet sich verbreitet in rezenten Sedimenten, jedoch fast nur in den jüngeren Ablagerungen. Grund ist seine relativ instabile Kristallstruktur, die sich in kurzen geologischen Zeiträumen zu Calcit (S. 150). umwandelt. Die äußere Form bleibt erhalten, nur die Spaltbarkeit nach dem Rhomboeder verrät den Ursprung.

FEINKÖRNIGE *Dolomitkristalle begleiten seltene Sulfid- und Sulfosalzminerale der Lengenbach-Grube im Binntal (Schweiz).*

Dolomit

$CaMg(CO_3)_2$

Dolomit ist ein weißes, blassbraunes oder rosa Mineral mit rhomboedrischen, oft sattelförmig gebogenen Kristallen oder Kristallaggregaten. Auch derbe oder körnige Anhäufungen sind möglich. Der Baustein von Dolomitgesteinen und -marmoren tritt auch in Hydrothermalgängen, Serpentiniten, umgewandelten basischen magmatischen Gesteinen und manchen Carbonatiten auf.

GRUPPE: *Carbonate*
KRISTALLSYSTEM: *trigonal*
SPALTBARKEIT/BRUCH: *vollkommen nach dem Rhomboeder/schwach muschelig*
GLANZ/STRICH: *Glas-, Perlmuttglanz/weiß*
HÄRTE/DICHTE: *3,5–4/2,86*
HAUPTMERKMALE: *härter als Calcit (S. 150), reagiert nur schwach mit verdünnter HCl*

IN DIESEN *Kupfererzgesteinen sind braune Ankeritkristalle auf Kupferkies zu erkennen.*

Ankerit *Braunspat*

$Ca(Fe^{2+},Mg,Mn)(CO_3)_2$

Ankerit ist braun, gelb oder lederfarbig und entwickelt rhomboedrische Kristalle, oft mit gekrummten Flächen. Diese können sattelförmige Aggregate bilden und ähneln dann jenen von Dolomit (oben) und Siderit. Prismatische Kristalle sind auch möglich, ebenso wie körnige oder derbe Aggregate. Ankerit trifft man in hydrothermalen Gangerzen an, außerdem in Carbonatiten, niedriggradig metamorphen Eisenerzgesteinen, in gebänderten Eisenerzen oder manchen Carbonatgesteinen.

GRUPPE: *Carbonate*
KRISTALLSYSTEM: *trigonal*
SPALTBARKEIT/BRUCH: *vollkommen nach dem Rhomboeder/schwach muschelig*
GLANZ/STRICH: *Glas-, Perlmuttglanz/weiß*
HÄRTE/DICHTE: *3,5–4/2,93–3,10*
HAUPTMERKMALE: *schwache Reaktion mit verdünnter Salzsäure*

Barytocalcit

$BaCa(CO_3)_2$

Das Mineral bildet gestreifte Kristallprismen oder blättrige Formen sowie spaltbare Massen. Sie können farblos, weiß, grau, hellgelb oder grün sein und fluoreszieren unter UV-Licht. Vorkommen in Kalksteinen, die von blei- und zinkhaltigen Lösungen verändert wurden, außerdem in Carbonatiten.

NEBEN DEM *Erstfundort Alston in Cumbria (England) findet man Barytocalcit in einer Reihe alter Bleiminen in Nordengland.*

GRUPPE: *Carbonate*
KRISTALLSYSTEM: *monoklin*
SPALTBARKEIT/BRUCH: *vollkommen/uneben bis nahezu muschelig*
GLANZ/STRICH: *Glas-, Harzglanz/weiß*
HÄRTE/DICHTE: *3,5–4/3,66–3,71*
HAUPTMERKMALE: *Kristallform; löst sich in verdünnter HCl*

Strontianit

$SrCO_3$

Das chemische Element Strontium wurde erstmals aus schottischem Strontianit isoliert. Das Mineral ist meist farblos, weiß, gelb, grün oder grau. Die prismatischen Kristalle erscheinen oft nadelig oder faserig in strahlig angeordneten Büscheln. Auch säulige, körnige oder derbe Aggregate oder pulvrige Beläge sind üblich. Vorkommen in Hydrothermalgängen und in Carbonatiten.

WINZIGE *Kügelchen aus Strontianitkristallen zusammen mit Coelestin in Kalksteinhöhlungen an der Südküste von Wales.*

AUSSCHNITT

GRUPPE: *Carbonate*
KRISTALLSYSTEM: *orthorhombisch*
SPALTBARKEIT/BRUCH: *nahezu vollkommen/schwach muschelig bis uneben*
GLANZ/STRICH: *Glas-, Harzglanz/weiß*
HÄRTE/DICHTE: *3,5/3,76*
HAUPTMERKMALE: *oft Büschel aus Kristallen; löst sich in verdünnter HCl*

Witherit

$BaCO_3$

DIESE *Witheritvorkommen in den nördlichen Pennines von England wurden auf Barium abgebaut.*

Die Kristallform kann prismatisch und pyramidal sein, stets liegen jedoch Zwillingsbildungen vor, die Hexagonalität vorspiegeln. Die Prismenflächen sind gestreift. Dieses Mineral kann auch in faserigen, traubigen, kugeligen und säuligen Formen sowie in körnigen und derben Aggregaten vorliegen. Die Farbe ist weiß oder grau. Meist in niedrigtemperierten hydrothermalen Gängen als Umwandlungsprodukt von Baryt.

AUSSCHNITT

GRUPPE: *Carbonate*
KRISTALLSYSTEM: *orthorhombisch*
SPALTBARKEIT/BRUCH: *deutlich/uneben*
GLANZ/STRICH: *Glas-, Harzglanz/weiß*
HÄRTE/DICHTE: *3–3,5/4,22–4,31*
HAUPTMERKMALE: *hohe Dichte; hexagonalähnliche Form; reagiert mit verdünnter HCl; fluoresziert blau-weiß unter UV-Licht*

Coelestin

$SrSO_4$

DIESER HOHLRAUM *in einer Septarie aus Oxfordshire (England) enthält blauen Coelestin neben braunem und weißem Calcit.*

Coelestin ist meist hellblau, daher sein Name von der Farbe des Himmels. Schöne Kristalle sind häufig und präsentieren sich tafelig, dicksäulig, blättrig oder länglich pyramidal; Aggregate sind faserig, lamellig, körnig oder derb. Das Mineral findet man in der Regel in Hohlformen, Kalksteinklüften und anderen Sedimentgesteinen, aber auch in Hydrothermalgängen und basischen Magmatiten.

GRUPPE: *Sulfate*
KRISTALLSYSTEM: *orthorhombisch*
SPALTBARKEIT/BRUCH: *vollkommen/uneben*
GLANZ/STRICH: *Glasglanz, auf Bruchflächen perlmuttartig/weiß*
HÄRTE/DICHTE: *3–3,5/3,97*
HAUPTMERKMALE: *leichter als Baryt (S. 155); meist blau, aber auch farblos, orange, weiß*

Baryt *Schwerspat*

$BaSO_4$

Das verbreitetste Bariummineral ist im Allgemeinen farblos, weiß, grau, blau, rosa, gelb oder braun. Barytkristalle sind gewöhnlich dünn- bis dicktafelig, seltener prismatisch. So genannter »Hahnenkamm-Baryt« ist radialgefächert und typisch für das Mineral. Auch rosettenförmige Kristallformen sind üblich sowie gebänderte, körnige und derbe Aggregate. Baryt ist ein Gangmineral niedrigtemperierter Hydrothermalabscheidungen oder geht aus der Verwitterung bariumhaltigen Kalksteins hervor. Begleitmineral einiger magmatischer Gesteine.

BEI FORCE CRAG *in Cumbria (England,) wo bis 1990 Barium- und Bleierze gewonnen wurden, sind kaum noch Spuren des alten Barytabbaus zu finden.*

GRUPPE: *Sulfate*
KRISTALLSYSTEM: *orthorhombisch*
SPALTBARKEIT/BRUCH: *vollkommen/uneben*
GLANZ/STRICH: *Glas-, Harzglanz/weiß*
HÄRTE/DICHTE: *3–3,5/4,5*
HAUPTMERKMALE: *hohe Dichte; Aggregate bilden hahnenkammartige Formen*

ANMERKUNG

Das Element Barium hat ein hohes Atomgewicht, was sich auch auf Baryt auswirkt. Anwendungen sind die Herstellung schwerer Bohrschlämme für die Erdöl- und Erdgasförderung sowie von Spezialpapieren und -gummis. Wegen der Undurchdringbarkeit für Röntgenstrahlen Verwendung in Röntgenkontrastmitteln.

GROSSE MENGEN *violetten Fluorits stecken im Dach dieses Schachtes bei Foisches in den französischen Ardennen.*

Fluorit *Flussspat*

CaF_2

Bezüglich seines Farbspektrums ist Fluorit bemerkenswert: kaum eine Farbe, die nicht vertreten ist – oft im Kern anders gefärbt als außen. Schön ausgestaltete Kristalle sind nicht selten, meist sind sie kubisch, mitunter auch oktaedrisch. Abgefaste Kanten kommen vor, und oft sind die Würfelecken abgespalten. Mehrfarbige gebänderte, säulige oder derbe Exemplare (»Blue John«), wie die aus Derbyshire (England) sind begehrte, aber empfindliche Schmuck- und Ornamentsteine. Vorkommen in niedrigtemperierten hydrothermalen Ganggesteinen sowie als Begleitmineral in sauren und intermediären Plutoniten.

BLUE JOHN

ANMERKUNG

Fluoreszenz bedeutet, dass eine Substanz besonders unter UV-Strahlung leuchtet; es ist nach dem Fluorit benannt, der diese Eigenschaft meistens sehr gut zeigt. Der Name Fluorit kommt aus dem Lateinischen für »Fluss« – er ist ein wichtiges Flussmittel, das die Schmelztemperatur anderer Stoffe absenkt.

GRUPPE: *Halogenide*
KRISTALLSYSTEM: *kubisch*
SPALTBARKEIT/BRUCH: *vollkommen nach dem Oktaeder/uneben*
GLANZ/STRICH: *Glasglanz/weiß*
HÄRTE/DICHTE: *4/3,17–3,18*
HAUPTMERKMALE: *kubisch mit oktaedrischer Spaltbarkeit; meist fluoreszierend*

Apatit

$Ca_5(PO_4)_3x$ or $Ca_5(PO_4,CO_3)_3x$ mit x= F,OH,Cl

Apatit ist der Sammelname für eine Gruppe von Calciumphosphatmineralen, deren prominentester Vertreter Fluorapatit ist. Außerdem gibt es den Hydroxyl-, den Chlor-, den Carbonat-Fluor- und den Carbonat-Hydroxylapatit. Apatit kristallisiert hexagonal oder tafelig sowie in knolligen, kugeligen, nierigen, körnigen oder derben Aggregaten. Die Kristalle sind farblos, weiß, rosa, gelb, grün, blau, violett, braun oder schwarz. Apatit ist Begleitmineral in fast allen magmatischen Gesteinen, während große Kristalle in Pegmatiten und hydrothermalen Gängen wachsen. Ferner in Marmor, Skarn und anderen metamorphen Gesteinen. Reichhaltige Vorkommen auch in Sedimentgesteinen, hier besonders in Phosphoriten, die aus fossilen Knochen und Zähnen stammen, in Koprolithen und anderen organischen Resten.

BLAU-VIOLETTER *Apatit, zusammen mit Fluorit, Topas und Cassiterit, aus dem sächsischen Erzgebirge.*

CHLORAPATIT

HYDROXYLAPATIT

GRUPPE: *Phosphate*
KRISTALLSYSTEM: *hexagonal oder monoklin*
SPALTBARKEIT/BRUCH: *schlecht/muschelig bis uneben*
GLANZ/STRICH: *Glas-, Wachsglanz; erdig, wenn massig /weiß*
HÄRTE/DICHTE: *5/3,1–3,25*
HAUPTMERKMALE: *weicher als Beryll (S. 179)*

ANMERKUNG

Knochen und Zähne bestehen überwiegend aus Apatit und können deshalb lange Zeit fossil überdauern; fossilreiche Gesteine sind für Paläontologen von großer Bedeutung. Fossilien bestehen neben Apatit aus Calcit, Aragonit, Quarz, Opal und anderen Mineralen; sie können Hohlräume in manchen Fossilien ausfüllen.

ZIRKONE *aus dem Hanging Rock in Victoria (Australien) wurden hinsichtlich Bildungsalter und Spurenelementgehalten analysiert.*

Zirkon

$ZrSiO_4$

Zirkon ist rotbraun, grün, gelb, blau, grau oder farblos. Kontrollierte Erwärmung brauner Kristalle wandelt diese in die von Juwelieren bevorzugten himmelblauen und goldfarbenen Abarten um. Die Kristalle bilden in der Regel quadratische, kurze Prismen mit pyramidalen Spitzen oder unregelmäßige Körner. Uran- und Thoriumspuren verleihen dem Zirkon eine schwache Radioaktivität. Er ist Begleitmineral in vielen metamorphen und magmatischen Gesteinen. Als sehr widerstandsfähiges Mineral reichert er sich in Sedimenten an – insbesondere in Seifen, denen viele Halbedelsteinzirkone entstammen. Vietnam, Thailand, Myanmar (Birma), Sri Lanka und andere Länder Südasiens sind Hauptproduzenten von Zirkon.

ZIRKONKÖRNER

WÄRMEBEHANDELTER BLAUER ZIRKON

AUSSCHNITT

GRUPPE: *Silikate*
KRISTALLSYSTEM: *tetragonal oder metamikt*
SPALTBARKEIT/BRUCH: *kaum muschelig*
GLANZ/STRICH: *Glas-, Diamant- oder Harzglanz/weiß*
HÄRTE/DICHTE: *7,5/4,6–4,7*
HAUPTMERKMALE: *Kristallform; härter als Vesuvian (S. 210)*

ANMERKUNG

In manchen Mineralen, selbst wenn sie nur Spuren von Uran und Thorium enthalten, führt die radioaktive Strahlung zum Zerfall der Kristallstruktur. Diese „metamikten" Minerale werden amorph und ändern einige ihrer Eigenschaften. So sind sie weniger dicht als frischer Zirkon und haben oft Glasglanz.

Olivin

Forsterit Mg_2SiO_4 – Fayalit: $Fe^{2+}{}_2SiO_4$

Olivin bezeichnet eine Mischkristallreihe zwischen magnesiumreichem Forsterit und eisenreichem Fayalit. Meistens ist das Mineral auffallend gelbgrün, es kann aber auch gelb, weiß, grau oder braun sein. Selten findet man wohlgeformte tafelige Kristalle mit keilförmigen Enden, die längsgestreift sein können; in der Regel sind sie vielmehr recht unförmig. Körnige und derbe Aggregate sind am häufigsten. Olivin ist Bestandteil (ultra)basischer Magmatite, beim Peridotit ist er Hauptbestandteil. Er bildet sich außerdem durch Metamorphose eisenreicher Sedimente und unreiner Kalksteine. Tephroit, ein Manganolivin, tritt in Skarn und metamorphen Manganlagerstätten auf.

GRÜNE *Peridotitknollen aus grobkörnigem Olivin stecken im schwarzen Basalt der Vulkaninsel Lanzarote (Spanien).*

FAYALIT

FORSTERIT

GRUPPE: *Silikate*
KRISTALLSYSTEM: *orthorhombisch*
SPALTBARKEIT/BRUCH: *unvollkommen/muschelig*
GLANZ/STRICH: *Glas- bis Harzglanz/weiß*
HÄRTE/DICHTE: *6,5–7/3,28–4,39*
HAUPTMERKMALE: *rundliche Form; gelbgrüne Farbe, muscheliger Bruch*

ANMERKUNG

Früher wurde Olivin als »Topas«, nach dem Fundort Topazius auf einer Insel (ihr heutiger Name lautet Zebirget) im Roten Meer, bezeichnet. 1790 wurde der Name dem heute so genannten Mineral (S. 178) zugesprochen. Olivin von Edelsteinqualität heißt Peridot; die schönsten Stücke kommen aus Nordwestpakistan.

DIESER *Granitpegmatit enthält Aggregate aus Muskovitkristallen neben Quarz und Mikroklin (ein Feldspat).*

Muskovit

$KAl_2AlSi_3O_{10}(OH)_2$

Dieser Glimmer ist farblos, grau, blassrosa oder grün; chromreicher Muskovit ist kräftig grün und heißt dann Fuchsit. Wie bei allen Glimmern sind die Kristalle pseudohexagonal mit der ihnen höchst vollkommenen Spaltbarkeit zu dünnen, farblosen und durchscheinenden Plättchen. Muskovit ist Bestandteil von magmatischen Gesteinen, z.B. Granit; in Granitpegmatiten können manchmal Riesenkristalle entwickelt sein. In metamorphen Gesteinen wie Gneis, Phylliten und Glimmerschiefern gehört er zum wesentlichen Bestand. Auch in Glimmersanden und -sandsteinen.

FUCHSIT

AUSSCHNITT

GRUPPE: *Silikate der Glimmergruppe*
KRISTALLSYSTEM: *monoklin*
SPALTBARKEIT/BRUCH: *höchst vollkommen/keiner*
GLANZ/STRICH: *Glas-, Perlmutt- oder Seidenglanz/weiß*
HÄRTE/DICHTE: *2,5–4/2,77–2,88*
HAUPTMERKMALE: *hell; Spaltbarkeit*

ANMERKUNG

Muskovit hat einen weitaus höheren Schmelzpunkt als Glas und kann riesige Kristalle im Meterbereich hervorbringen. Solche großen Glimmerplatten werden in Schmelzofenfenster eingebaut, da sie bei den hohen Temperaturen nicht schmelzen. Große Muskovitplatten für die Industrie kommen vor allem aus Indien.

Biotit

$K(Mg,Fe_2+)_3(Al,Fe^{3+})Si_3O_{10}(OH)_2$

Dieser dunkelbraune bis schwarze Glimmer kristallisiert pseudohexagonal, in blättrigen oder schuppigen Aggregaten oder verstreut körnig. Biotit ist verbreitet in vielen magmatischen und metamorphen Gesteinen vorhanden wie Granit, Nephelinsyenit, Schiefer und Gneis. Auch in kaliumreichen hydrothermalen Gängen und in einigen Sedimentgesteinen.

BIOTIT UND QUARZ *füllen diesen Pegmatitgang im Namaqualand (Südafrika).*

PSEUDOHEXAGONALER KRISTALL

GRUPPE: *Silikate der Glimmergruppe*
KRISTALLSYSTEM: *monoklin*
SPALTBARKEIT/BRUCH: *höchst vollkommen/keiner*
GLANZ/STRICH: *Diamantglanz, Perlmuttglanz im Bruch /weiß*
HÄRTE/DICHTE: *2,5–3/2,7–3,3*
HAUPTMERKMALE: *dunkel; Spaltbarkeit*

Phlogopit

$KMg_3AlSi_3O_{10}(OH)_2$

Die Kristalle sind tafelig oder prismatisch, sechsseitig und längsseitig oft verjüngend. Wie andere Glimmer spaltet auch Phlogopit leicht in zahlreiche dünne Plättchen. Lamellare und schuppige Aggregate sind häufig. Das Mineral ist rotbraun, gelbbraun, grün oder farblos. Man findet es in metamorphen Dolomitgesteinen und dolomitisierten Kalksteinen sowie in ultrabasischen Gesteinen. Riesenkristalle dieses wichtigen Isolatorminerals kommen aus der Kovdor-Lagerstätte der Halbinsel Kola (Russland).

REICHE VORKOMMEN *an Apatit kommen zusammen mit Phlogopit aus der Dorowa-Phosphatgrube (Simbabwe).*

GRUPPE: *Silikate der Glimmergruppe*
KRISTALLSYSTEM: *monoklin*
SPALTBARKEIT/BRUCH: *höchst vollkommen/keiner*
GLANZ/STRICH: *Perlmuttglanz,submetallisch im Bruch /weiß*
HÄRTE/DICHTE: *2–3/2,78–2,85*
HAUPTMERKMALE: *heller als Biotit (oben)*

Ägirin *Akmit*

DER NEPHELINSYENIT *des Mont-Saint-Hilaire in Quebec (Kanada) enthält zahlreiche seltene Minerale, u.a. auch Ägirin.*

$NaFe^{3+}Si_2O_6$

Prismatische Kristalle von Ägirin sind oft längsgestreift mit spitzen oder stumpfen Enden. Sie können nadelig oder faserig sein und radialstrahlige Gebilde formen. Das Pyroxenmineral ist gewöhnlich grün oder schwarzgrün, seltener braun. Der meiste Ägirin befindet sich in Syeniten, Carbonatiten und anderen Alkaligesteinen, weniger häufig in Schiefern, Granuliten und anderen metamorphen Gesteinen. Die hier gezeigten schönen Exemplare stammen von Alkaligesteinen vom Mount Malosa in Südmalawi.

GRUPPE: *Silikate der Pyroxengruppe*
KRISTALLSYSTEM: *monoklin*
SPALTBARKEIT/BRUCH: *gut, Spaltrisse kreuzen sich mit ca. 90°/uneben*
GLANZ/STRICH: *Glas- oder Harzglanz/weiß oder gelblich grau*
HÄRTE/DICHTE: *6/3,50–3,60*
HAUPTMERKMALE: *Pyroxen-Spaltbarkeit; Farbe*

Enstatit

GROSSE BRAUNE *Enstatitkristalle sind Bestandteil dieses metamorphen basischen Pegmatits.*

$Mg_2Si_2O_6$

Enstatit, ein Orthopyroxen, bildet weiße, graue, grüne oder braune Kristalle, die in Form von Säulen, Fasern oder derber Aggregate vorliegen. Häufig in basischen und ultrabasischen sowie in metamorphen Gesteinen wie z.B. Granuliten. Enstatit wurde früher oft als Hypersthen missgedeutet.

BRONZIT

GRUPPE: *Silikate der Pyroxengruppe*
KRISTALLSYSTEM: *orthorhombisch*
SPALTBARKEIT/BRUCH: *gut, Spaltrisse kreuzen sich mit ca. 90°/uneben*
GLANZ/STRICH: *Glasglanz, submetallisch; auf Bruchflächen Perlmuttglanz/weiß oder hellgrau*
HÄRTE/DICHTE: *6/3,50–3,60*
HAUPTMERKMALE: *Pyroxen-Spaltbarkeit*

Hornblende

$Ca_2[x4(AlFe_{3+})](Si7Al)O_{22}(OH)_2$ $(x = Fe^{2+}$ oder $Mg)$

Die Hornblende-Reihe umfasst eisenreiche bis magnesiumreiche Hornblenden. Es sind grüne, braune oder schwarze Minerale, deren Kristalle prismatisch, säulig oder blättrig und meist unregelmäßig im Gestein verteilt sind. Derbe Aggregate kommen auch vor. Hornblenden sind bedeutende Minerale in Granodioriten, Dioriten, Trachyten, Amphiboliten, Hornblendeschiefern und vielen anderen Gesteinen.

GROSSE *Hornblendekristalle machen einen Großteil dieses Pegmatits bei Glenbuchat in Aberdeenshire (Schottland) aus.*

GRUPPE: *Silikate der Amphibolgruppe*
KRISTALLSYSTEM: *monoklin*
SPALTBARKEIT/BRUCH: *gut, Spaltrisse kreuzen sich mit 56° und 124°/uneben oder splittrig*
GLANZ/STRICH: *Glasglanz/weiß oder grau*
HÄRTE/DICHTE: *5–6/3,10–3,30*
HAUPTMERKMALE: *Farbe, Prismenform, Amphibol-Spaltbarkeit*

Riebeckit

$Na_2(Fe^{2+}{}_3Fe^{3+}{}_2)Si_8O_{22}(OH)_2$

Dieser Amphibol ist graublau bis dunkelblau. Man findet seine prismatischen Kristalle, derben oder faserigen Aggregate in Alkaligraniten und Syeniten, ihren vulkanischen Entsprechungen sowie in einigen metamorphen Schiefern. Eine blaue Asbest-Varietät nennt man Krokydolith. Riebeckit-Asbestminerale entstehen bei der Metamorphose gebänderter Eisenerze.

DIE BLAUGRAUEN *Flecken in diesem Mikrogranit von der Insel Ailsa Craig (Schottland) sind Riebeckitkristalle.*

KROKYDOLITH

AUSSCHNITT

GRUPPE: *Silikate der Amphibolgruppe*
KRISTALLSYSTEM: *monoklin*
SPALTBARKEIT/BRUCH: *gut, Spaltrisse kreuzen sich mit 56° und 124°/uneben*
GLANZ/STRICH: *Glasglanz/blaugrau*
HÄRTE/DICHTE: *6/3,28–3,34*
HAUPTMERKMALE: *Asbestfasern verursachen Lungenkrankheiten – nicht einatmen!*

Sanidin

(K,Na)$AlSi_3O_8$

SANIDIN *wie hier am Vesuv (Italien) ist nicht wie andere Kalifeldspäte opak, sondern durchscheinend.*

Sanidin ist farblos, weiß oder cremefarbig; die Kristalle sind in der Regel tafelig mit quadratischem Querschnitt. Zwillinge sind häufig. Sanidin ist ein Kalifeldspat, der sich unter hohen Temperaturen in vulkanischen Gesteinen wie Rhyolith, Phonolith und Trachyt bildet. Als kugelige Aggregate nadeliger Kristalle in Obsidian sowie in Eklogiten und kontaktmetamorphen Gesteinen.

GRUPPE: *Silikate der Feldspatgruppe*
KRISTALLSYSTEM: *monoklin*
SPALTBARKEIT/BRUCH: *vollkommen/muschelig bis uneben*
GLANZ/STRICH: *Glasglanz, Perlmuttglanz auf Spaltflächen/weiß*
HÄRTE/DICHTE: *6/2,56–2,62*
HAUPTMERKMAL: *Zwillingsbildung*

Mikroklin

$KAlSi_3O_8$

PIKES PEAK *in Colorado (USA) ist die berühmteste Fundstelle herrlicher Amazonite.*

Das Mineral neigt zu parkettartiger Zwillingsbildung oder kristallisiert in derben Massen. Es ist weiß, cremefarbig, rosa oder hellbraun. Amazonit ist eine blaugrüne hübsche Varietät. Der Kalifeldspat Mikroklin kommt in sauren bis intermediären Intrusivgesteinen, metamorphen Schiefern und Gneisen sowie körnig in Sedimenten vor.

AMAZONIT

GRUPPE: *Silikate der Feldspatgruppe*
KRISTALLSYSTEM: *triklin*
SPALTBARKEIT/BRUCH: *vollkommen im rechten Winkel/uneben*
GLANZ/STRICH: *Glasglanz, Perlmuttglanz auf Spaltflächen/weiß*
HÄRTE/DICHTE: *6–6,5/2,54–2,57*
HAUPTMERKMALE: *parkettartige Zwillinge*

Orthoklas *Kalifeldspat*

$KAlSi_3O_8$

Orthoklas ist gewöhnlich weiß, cremefarbig, blassgelb oder rosa und bildet blockige Kristallprismen. Karlsbader Zwillinge sind sehr häufig, andere Arten kommen auch vor. Orthoklas kristallisiert bei mittleren bis niedrigen Temperaturen in hellen Intrusivgesteinen wie Graniten, Granitpegmatiten oder Syeniten, kommt aber auch in hochmetamorphen Gesteinen und in Form von Körnern und Überzügen in Sedimentgesteinen vor. Eine besondere Varietät ist Adular, der farblose, im Querschnitt rhomboedrische Kristalle sowie sternförmige Zwillinge bildet; man findet ihn in niedrigtemperierten Hydrothermalgängen und alpinen Klüften. Adulare mit bläulich weißem Schimmer nennt man Mondsteine.

DIESE KLEINE *Druse im Granit (Nordirland) enthält Orthoklas, Quarz und Beryll.*

MONDSTEIN-CABOCHON

ADULAR

KARLSBADER ZWILLING

MONDSTEIN

ANMERKUNG

Orthoklas, Mikroklin, Sanidin, Anorthoklas und der Plagioklas Albit gehören zur Gruppe der Alkalifeldspate. Anorthoklas steht chemisch zwischen Albit und Sanidin.

GRUPPE: *Silikate der Feldspatgruppe*
KRISTALLSYSTEM: *monoklin*
SPALTBARKEIT/BRUCH: *vollkommen/muschelig bis uneben*
GLANZ/STRICH: *Glasglanz, Perlmuttglanz auf Spaltflächen/weiß*
HÄRTE/DICHTE: *6–6,5/2,55–2,63*
HAUPTMERKMALE: *Art der Zwillinge*

SCHÖNE *Andesinkristalle – häufig Zwillinge – stecken im blauen Porphyr der Estérel-Berge im Département Var (Südfrankreich).*

Plagioklas

Albit: $NaAlSi_3O_8$ – *Anorthit:* $CaAl_2Si_2O_8$

In der Mischkristallreihe der Plagioklase stellt Albit das Natrium-Endglied, Anorthit das Calcium-Endglied dar. Dazwischen liegen die Minerale Oligoklas, Andesin, Labradorit und Bytownit. Die meisten Plagioklase sind farblos, weiß, grau, grün oder braun. Die Kristalle sind tafelig oder prismatisch oder treten derb oder körnig auf. Einfache Zwillinge sind häufig, daneben gibt es Lamellenverzwillingung, die auf manchen Flächen als Hell-Dunkel-Bänder zu erkennen sind. Eine dünntafelige, durchscheinende Albit-Varietät in Pegmatiten ist der Cleavelandit. Albit tritt ferner in Graniten, Syeniten und alpinen Klüften auf. Oligoklas und Andesin sind bevorzugt in Diorit und Andesit zu finden, Labradorit und Bytownit in Gabbros, Doleriten, Basalten und Anorthositen. Anorthit ist meist an metamorphe Gesteine gebunden. Weitere Plagioklase sind ebenfalls metamorpher Natur oder finden sich als Detritus in Sedimentgesteinen.

ANORTHIT

GRUPPE: *Silikate der Feldspatgruppe*
KRISTALLSYSTEM: *triklin*
SPALTBARKEIT/BRUCH: *vollkommen/muschelig bis uneben*
GLANZ/STRICH: *Glasglanz, Perlmuttglanz auf Spaltflächen (Albit)/weiß*
HÄRTE/DICHTE: *6–6,5/2,60–2,76*
HAUPTMERKMALE: *lamellare Zwillingsbildung*

ANMERKUNG

Perthite sind Feldspate, die beim Abkühlen in kalium- und natriumreiche Lagen auskristallisiert sind. An deren Grenzen reflektiert auftreffendes Licht und erzeugt hübsch schillernde Farbeffekte. Der Schiller des Mondsteins (S. 165) und das blaue Irisieren von Larvikit (S. 49) gehen auf Perthitstrukturen zurück.

BYTOWNIT

AVENTURIN-OLIGOKLAS

OLIGOKLAS

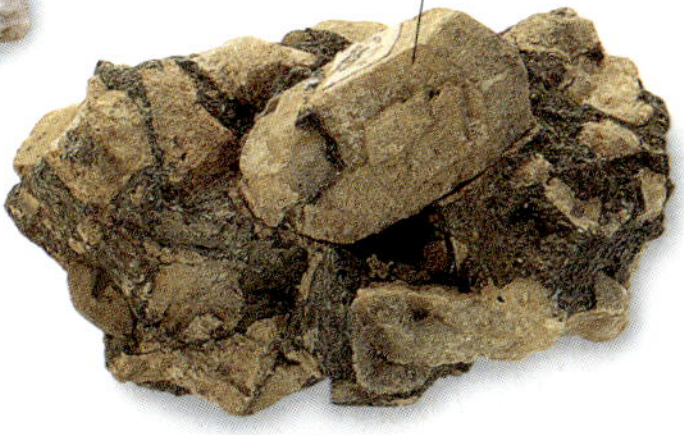

ANDESIN

LABRADORIT

TONGRUBEN *mit Illit und anderen Tonmineralen werden für die Ziegelherstellung ausgebeutet.*

Illit

$K_{0.65}Al_2Al_{0.65}Si_{3.35}O_{10}(OH)_2$

Illit ist eines der häufigsten Tonminerale, wird aber nicht in die Glimmergruppe eingeordnet. Er kommt in sehr feinkörnigen Aggregaten vor. Kristallindividuen hexagonaler Symmetrie kann man nur mit dem Elektronenmikroskop beobachten. Illitmassen sind weiß, Beimengungen färben sie jedoch hellbraun bis grau. Illit ist an Sedimente wie Tonschiefer und Tonstein gebunden und ist Bestandteil vieler Böden.

AUSSCHNITT

GRUPPE: *Silikate (»Hydroglimmer«)*
KRISTALLSYSTEM: *monoklin*
SPALTBARKEIT/BRUCH: *vollkommen/nein*
GLANZ/STRICH: *matt/weiß*
HÄRTE/DICHTE: *1–2/2,6–2,9*
HAUPTMERKMALE: *sehr feinkörnig; wichtiges Tonmineral*

MIT HOCHDRUCK *wird hier Kaolinit aus dem Granit der Porzellanerde-Gruben von Cornwall (England) herausgewaschen.*

Kaolinit

$Al_2Si_2O_5(OH)_4$

Porzellanerde ist ein weiterer Name, was auf seine Bedeutung als Porzellanrohstoff hinweist. Kaolinit ist weiß und kommt als winzige, hexagonale Plättchen vor, die zu feinkörnigen Clustern zusammenballen. Kaolinitlagerstätten entstehen durch hydrothermale Umwandlung und Verwitterung von Alumosilikaten, z.B. Feldspaten in Graniten. Kaolinit ist Bestandteil von Tonen und Tongesteinen.

»STEINMARK«

AUSSCHNITT

GRUPPE: *Silikate (Tonmineral)*
KRISTALLSYSTEM: *triklin*
SPALTBARKEIT/BRUCH: *vollkommen/nein*
GLANZ/STRICH: *Perlmuttglanz, erdig, matt/weiß*
HÄRTE/DICHTE: *2–2,5/2,61–2,68*
HAUPTMERKMALE: *sehr feinkörniges, weißes Tonmineral*

Montmorillonit

$(Na,Ca)_{0.3}(Al,Mg)_2Si_4O_{10}(OH)_2 \cdot nH_2O$

Dieses Tonmineral kommt in feinkörnigen, derben Aggregaten oder in kugeligen Clustern mikroskopisch kleiner, schuppiger oder tafeliger Kristalle vor. Montmorillonit ist in der Regel weiß, rosa oder hellbraun. Er ist Hauptbestandteil von Bentonit, einem Tongestein, das durch Verwitterung von vulkanischem Tuff entsteht.

DIESE BENTONITHÜGEL *im Petrified Forest-Nationalpark in Arizona (USA) sind durch Eisen- und Manganoxide bunt gefärbt.*

BENTONIT

GRUPPE: *Silikate (Tonmineral)*
KRISTALLSYSTEM: *monoklin*
SPALTBARKEIT/BRUCH: *vollkommen/uneben*
GLANZ/STRICH: *erdig, matt/weiß*
HÄRTE/DICHTE: *1–2/2–3*
HAUPTMERKMALE: *sehr feinkörniges, stark quellfähiges Tonmineral; in umgewandelten vulkanischen Aschen und Tuffen*

Alunit *Alaunstein*

$KAl(SO_4)_2(OH)_6$

Alunit ist meist körnig oder massig, kann aber auch faserig sein bzw. tafelige oder würfelförmige Kristalle bilden. Diese sind farblos, weiß, grau, gelb oder rotbraun. Das Mineral entsteht aus aluminiumreichen Gesteinen, wie z.B. vulkanischen Aschen, die durch schwefelhaltige Lösungen verändert wurden. Dieser Schwefel stammt oft aus vulkanischen Gasen oder verwitterndem Pyrit. Mancherorts kann Alunit größere Lagerstätten bilden.

GRÖSSERE *Vorkommen von Alunit befinden sich in Taiwan, schöne Kristallcluster z.B. aus der Chinkuahshih-Mine bei Taipeh.*

AUSSCHNITT

GRUPPE: *Sulfate*
KRISTALLSYSTEM: *trigonal*
SPALTBARKEIT/BRUCH: *vollkommen/muschelig*
GLANZ/STRICH: *Glasglanz, auf Flächen auch Perlmuttglanz/weiß*
HÄRTE/DICHTE: *3,5–4/2,6–2,9*
HAUPTMERKMALE: *Reagiert im Gegensatz zu Calcit (S. 150) nicht mit verdünnter Salzsäure.*

GLAUKONIT *diente einst als Farbpigment und wurde als »Grünerde« in der Nähe von Verona (Italien) abgebaut.*

Glaukonit

$(K,Na)(Fe^{3+},Al,Mg_2)(Si,Al)_4O_{10}(OH)_2$

Glaukonit ist bläulich oder gelblich grün und tritt meist in Form von Schüppchen, Körnchen, Kügelchen oder derben Massen auf. Er entwickelt sich aus eisenhaltigen Glimmern und Tonen, wie sie in marinen Sedimenten, die reichlich organische Substanz enthalten, vorliegen. Glaukonit findet sich verteilt in unreinen Kalk-, Silt- und Sandsteinen, vor allem aber in Grünsteinen.

GRUPPE: *Silikate der Glimmergruppe*
KRISTALLSYSTEM: *monoklin*
SPALTBARKEIT/BRUCH: *vollkommen/nein*
GLANZ/STRICH: *matt oder glitzernd/grün*
HÄRTE/DICHTE: *2/2,4–2,95*
HAUPTMERKMALE: *schuppiges, grünes Mineral sedimentärer Gesteine*

CHAMOSIT-OOLITHE *geben einen attraktiven Baustein ab, der hier in diesem Haus bei Banbury, Oxfordshire (England) verbaut ist.*

Chamosit

$(Fe,Al,Mg)_6(Si,Al)_4O_{10}(OH)_8$

Chamosit ähnelt dem Glaukonit, geht aber farblich eher nach gelblich bis bräunlich grün. Es gibt ihn in Form von Oolithen (Körner aus winzigen radialstrahligen Kristallen) sowie in schuppigen, faserigen und körnigen Massen. Chamosit ist Bestandteil von Eisenerzen mariner sedimentärer Entstehung. Altert rasch zu braunem Goethit.

GRUPPE: *Silikate der Chloritgruppe*
KRISTALLSYSTEM: *monoklin*
SPALTBARKEIT/BRUCH: *vollkommen/nicht bekannt*
GLANZ/STRICH: *Perlmuttglanz/grün bis grau*
HÄRTE/DICHTE: *2–3/3,0–3,4*
HAUPTMERKMALE: *bräunlich grünes Chloritmineral in sedimentären Eisenerzen*

Epsomit *Bittersalz*

$MgSO_4 \cdot 7H_2O$

Bittersalz ist der ältere Name für dieses wasserhaltige Magnesiumsulfat. Epsomit ist farblos, weiß, blassrosa oder grün; die seltenen Kristalle sind prismatisch. In der Regel tritt es in Form von Krusten, pulverigen oder filzigen Belägen oder traubig-nierigen Massen auf. Epsomit ist Bestandteil von Salzlagern und überzieht die Wände von Bergwerksstollen und Höhlen in Dolomit- und dolomitischen Kalkgesteinen.

SALZSEEN *enthalten die gelösten Bestandteile von Epsomit; in der Trockenzeit kann am Ufer dieses Sulfatmineral kristallisieren.*

AUSSCHNITT

GRUPPE: *Sulfate*
KRISTALLSYSTEM: *orthorhombisch*
SPALTBARKEIT/BRUCH: *vollkommen/ muschelig*
GLANZ/STRICH: *Glas-/Seidenglanz/weiß*
HÄRTE/DICHTE: *2–2,5/1,68*
HAUPTMERKMALE: *nach Wasserabgabe pulverige Konsistenz; leicht löslich in Wasser*

Steinsalz *Halit*

NaCl

Gewöhnliches Speisesalz ist das Mineral Halit oder Steinsalz. Es ist meist farblos, weiß, grau, orange oder braun, kann aber auch hellblau oder purpur sein. Es kristallisiert in Würfeln, häufiger jedoch in körnigen oder derben Massen. Steinsalz kommt in Salzlagern vor, die durch Eindampfung von Lagunen oder Salzseen entstanden sind.

WIE ZERRISSEN *wirken diese Steinsalzablagerungen im Devil's Golf Course des Death Valley in Kalifornien (USA).*

GRUPPE: *Chloride*
KRISTALLSYSTEM: *kubisch*
SPALTBARKEIT/BRUCH: *vollkommen/ muschelig*
GLANZ/STRICH: *Glasglanz/weiß*
HÄRTE/DICHTE: *2–2,5/2,17*
HAUPTMERKMALE: *splittrig, wasserlöslich; unter Wasserdampf fettartige Oberfläche*

SYLVIN *wird in dieser Kaligrube in New Mexico (USA) aus mächtigen Salzlagern gewonnen.*

Sylvin

KCl

Sylvin ist meist farblos oder weiß, kann aber durch Beimengungen gefärbt sein. Die Kristalle sind kubisch, oktaedrisch oder Kombinationen aus beidem, weit häufiger sind jedoch Krusten sowie säulige, körnige oder derbe Aggregate. Man findet Sylvin in dicken Bänken, vermischt oder alternierend wechsellagernd mit Steinsalz und anderen Salzmineralen. Es bildet sich auch an Fumarolen und Höhlen. Sylvin löst sich leicht in Wasser und muss deshalb trocken gelagert werden.

GRUPPE: *Chloride*
KRISTALLSYSTEM: *kubisch*
SPALTBARKEIT/BRUCH: *vollkommen, kubisch/uneben*
GLANZ/STRICH: *Glasglanz/weiß*
HÄRTE/DICHTE: *2/1,99*
HAUPTMERKMALE: *wasserlöslich, nicht splittrig; zerbrochen wachsartig*

REICHLICH *Glauberit und Gips findet man in den Salzpfannen des Death Valley in Kalifornien (USA).*

Glauberit

$Na_2Ca(SO_4)_2$

Glauberitkristalle sind spitzwinkelig-tafelig oder (di)pyramidal und können abgerundete Ecken haben. Sie erscheinen auch oft als Pseudomorphosen, wenn Glauberit von Calcit oder Gips ersetzt worden ist. Glauberit ist farblos, blassgelb oder grau, und die Oberfläche kann zu weißem, pulverigem Natrumsulfat verwittern. Vorkommen hauptsächlich in Salzlagern und vulkanischen Fumarolen.

GLAUBERIT-PSEUDOMORPHOSE

GRUPPE: *Sulfate*
KRISTALLSYSTEM: *monoklin*
SPALTBARKEIT/BRUCH: *vollkommen/muschelig*
GLANZ/STRICH: *Glas- bis Wachsglanz; perlmuttartig auf Bruchflächen/weiß*
HÄRTE/DICHTE: *2,5–3/2,75–2,85*
HAUPTMERKMALE: *wasserlöslich.*

Gips

$CaSO_4 \cdot 2H_2O$

Manche Mineralogen nennen Gips Selenit, eigentlich die Bezeichnung für transparente Varietäten. Gips ist farblos oder weiß und wird häufig von Verunreinigungen schwach verfärbt. Die Kristalle sind tafelig, linsenförmig oder prismatisch. Schwalbenschwanzzwillinge sind nicht selten. Wenn Gips als dichte Fasermasse auftritt, spricht man von Fasergips oder Seidenspat, bei kompakten, wächsernen feinkörnigen Massen von Alabaster. Die meisten Gipsvorkommen treten zusammen mit Steinsalz und Anhydrit in marinen Salzlagerstätten auf. Kristalle und rosettenförmige Aggregate findet man auch in Sanden und Tonen.

DIESES *außergewöhnliche »Bockshorn« aus Gips stammt aus einer mexikanischen Höhle.*

WÜSTENROSE

SEIDENSPAT

GRUPPE: *Sulfate*
KRISTALLSYSTEM: *monoklin*
SPALTBARKEIT/BRUCH: *vollkommen/splitterig*
GLANZ/STRICH: *Glas- bis Perlmuttglanz/weiß*
HÄRTE/DICHTE: *2/2,32*
HAUPTMERKMALE: *weit verbreitet; weich; reagiert nicht mit verdünnter Salzsäure*

ANMERKUNG

Mit »Wüstenrosen« bezeichnet man rosettenförmige Aggregate gerundeter Gipskristalle, die sich in Wüstensanden bilden und während des Wachstums Sandkörner einschließen. Baryt (S. 155) bringt ähnliche, aber dichtere Gebilde hervor; die Rosettenformen von Calcit (S. 150) sind dagegen rhomboedrisch.

Anhydrit

$CaSO_4$

ANHYDRIT *ist hier in dieser Salzlagerstätte auf Zypern mit Gips vermischt.*

Anhydrit ist chemisch wie Gips aufgebaut, aber seltener und kann farblos, blassblau, violett, weiß, grau, rosa oder braun sein. Die Kristalle sind tafelig, gleichkörnig oder treten in körnigen, faserigen oder derben Aggregaten auf. Anhydrit ist wichtiger Bestandteil von Salzgesteinen und bildet sich oft durch Wasserverlust aus Gips. Er findet sich häufig im »Gipshut« im oberen Teil von Salzdomen, die seitlich oft Erdölfallen bergen. Auch in Fumarolen sowie im Abstrom von »Weißen Rauchern«, d.h. untermeerischer Hydrothermalquellen.

GRUPPE: *Sulfate*
KRISTALLSYSTEM: *orthorhombisch*
SPALTBARKEIT/BRUCH: *vollkommen, fast kubisch/uneben bis splitterig*
GLANZ/STRICH: *Perlmutt- oder Glas- bis Fettglanz/weiß bis blassgrau*
HÄRTE/DICHTE: *3–3,5/2,98*
HAUPTMERKMALE: *härter als Gips (S. 173)*

Borax *Tinkal*

$Na_2B_4O_5(OH)_4 \cdot 8H_2O$

BORAX *wird z.B. auch in den Salzablagerungen des Death Valley in Kalifornien (USA) abgebaut.*

Borax ist wasserhaltiges Natriumborat und ein wichtiger Borrohstoff. Es kommt in Form flachprismatischer Kristalle oder derber Aggregate vor und ist farblos, weiß, grau, blassgrün oder blassblau. Wegen seiner hohen Wasserlöslichkeit kommt Borax nur in Trockengebieten vor – wenn stark borhaltiges Wasser, z.B. aus vulkanischer Aktivität, in austrocknenden Seen verdunstet und Bor zurückbleibt. An der Luft verliert Borax rasch sein Wasser und wandelt sich zu Tinkalkonit um.

GRUPPE: *Borate*
KRISTALLSYSTEM: *monoklin*
SPALTBARKEIT/BRUCH: *vollkommen/muschelig*
GLANZ/STRICH: *Glas- bis Harzglanz, auch erdig/weiß*
HÄRTE/DICHTE: *2–2,5/1,71*
HAUPTMERKMALE: *wasserlöslich; nach Wasserverlust pulverig weiße Masse*

Colemanit

$CaB_3O_4(OH)_3 \cdot H_2O$

Das wichtige Bormineral Colemanit ist farblos, weiß, gelblich weiß oder grau und bildet kurzprismatische oder gleichkörnige Kristalle, Knollen oder körnige bzw. derbe Massen. Es entsteht durch chemischen Umbau von Borax und Ulexit in Salzseeablagerungen arider Gebiete. Schöne Exemplare kommen aus Kalifornien, größere Vorkommen gibt es in der Türkei.

ABRAUMHALDEN *sind kennzeichnend für diese Boratgruben im Death Valley in Kalifornien (USA), wo auch Colemanit abgebaut wird.*

GRUPPE: *Borate*
KRISTALLSYSTEM: *monoklin*
SPALTBARKEIT/BRUCH: *vollkommen/uneben bis schwach muschelig*
GLANZ/STRICH: *Glas- bis Diamantglanz/weiß*
HÄRTE/DICHTE: *4,5/2,42*
HAUPTMERKMALE: *härter als andere Boratminerale außer Borazit ($Mg_3B_7O_{13}Cl$)*

Ulexit

$NaCaB_5O_6(OH)_6 \cdot 5H_2O$

Das farblose oder weiße Boratmineral tritt in Form baumwollartiger Massen und in dichten Adern parallel angeordneter Fasern auf. Diese leiten eingespeistes Licht wie natürliche Mineralfasern vom einen Ende zum anderen. Auch radialstrahlige und dichte Kristallaggregate kommen vor. Ulexit findet sich zusammen mit Colemanit und Borax in Salzseeablagerungen.

DIE UYUNI-*Salzpfannen nahe Potosí (Bolivien) enthalten abbauwürdige Vorkommen an Ulexit.*

GRUPPE: *Borate*
KRISTALLSYSTEM: *triklin*
SPALTBARKEIT/BRUCH: *vollkommen/uneben*
GLANZ/STRICH: *Glas-, Seiden- oder Satinglanz/weiß*
HÄRTE/DICHTE: *2,5/1,95*
HAUPTMERKMALE: *schwach wasserlöslich; weniger dicht als Seidenspat (s. Gips S. 173)*

Kryolith

Na_3AlF_6

Kryolith ist meist farblos oder weiß und kommt gewöhnlich in grobkörnigen oder derben Aggregaten vor, selten sind würfelähnliche Kristalle. Die einzige bedeutende Lagerstätte befindet sich in Ivigtut (Grönland). Früher Nutzung als Flussmittel in Aluminiumschmelzen, heute ersetzt durch synthetisch hergestellten Kryolith.

KRYOLITH *bildet kristalline Massen mit Zinkblende und Siderit (s. Foto) und anderen Sulfiden und Chloriden.*

GRUPPE: *Fluoride*
KRISTALLSYSTEM: *monoklin*
SPALTBARKEIT/BRUCH: *Absonderungen/ uneben*
GLANZ/STRICH: *Glas- bis Fettglanz/weiß*
HÄRTE/DICHTE: *2,5/2,97*
HAUPTMERKMALE: *Scheint sich in Wasser aufzulösen, da fast gleicher Brechungsindex*

Amblygonit

$LiAl(PO_4)(F,OH)$, Montebrasit: $LiAl(PO_4)(OH,F)$

Amblygonit enthält mehr Fluor als Hydroxid, im Montebrasit ist es umgekehrt; beide bilden eine Mischungsreihe. Beide sind weiß oder hell gefärbt. Typisch sind derbkörnige Massen, blockige Kristalle sind selten. Vorkommen in Granitpegmatiten.

AMBLYGONIT *und Montebrasit findet man in den Black Hills von South Dakota (USA).*

GRUPPE: *Phosphate*
KRISTALLSYSTEM: *triklin*
SPALTBARKEIT/BRUCH: *vollkommen bis deutlich/uneben bis schwach muschelig*
GLANZ/STRICH: *Glasglanz, auf Spaltflächen Perlmuttglanz/weiß*
HÄRTE/DICHTE: *5,5–6/2,98–3,11*
HAUPTMERKMALE: *vier Spaltrichtungen*

Spessartin

$Mn_3^{2+}Al_2(SiO_4)_3$

Dieser manganhaltige Granat ist orange, rot, braun oder schwarz; die Kristalle sind dodekaedrisch oder trapezoedrisch, oder treten in körnigen oder derben Aggregaten auf. Schöne Edelsteine sind an Pegmatite gebunden. Kommt auch in Graniten, Rhyolithen und metasomatischen Gesteinen vor.

SPESSARTIN *zusammen mit Bleiglanz und Manganmineralen in metasomatischen Erzgesteinen.*

SPESSARTIN-EDELSTEIN

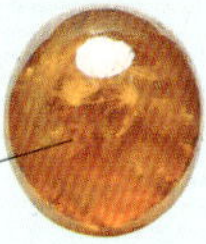

SPESSARTIN-EDELSTEIN

GRUPPE: *Inselsilikate (Granatgruppe)*
KRISTALLSYSTEM: *kubisch*
SPALTBARKEIT/BRUCH: *keine/uneben bis muschelig*
GLANZ/STRICH: *Glasglanz/weiß*
HÄRTE/DICHTE: *7–7,5/4,19*
HAUPTMERKMALE: *rotbraune Dodekaederkristalle ohne Spaltbarkeit*

Petalit

$LiAlSi_4O_{10}$

Petalit kann farblos, weiß, grau, gelb oder blassrosa sein und kommt in spaltbaren derben Massen oder derben Aggregaten vor. Selten finden sich tafelige oder stängelige Kristalle. Vorkommen in Granitpegmatiten. Petalit ist ein Lithium-Erzmineral; schöne farblose Exemplare aus Minas Gerais (Brasilien) werden zu Edelsteinen geschliffen.

DIE ERSTEN *Petalitfundstücke stammen aus Utö (Schweden).*

AUSSCHNITT

GRUPPE: *Gerüstsilikate*
KRISTALLSYSTEM: *monoklin*
SPALTBARKEIT/BRUCH: *vollkommen/schwach muschelig*
GLANZ/STRICH: *Glas-, Perlmuttglanz/weiß*
HÄRTE/DICHTE: *6,5/2,41–2,42*
HAUPTMERKMALE: *perfekte Spaltbarkeit im Gegensatz zu Quarz (S. 143 f.) oder Feldspat*

KLEINE, *aber feine Topase kommen aus diesen erodierten Granithügeln in den Mourne-Bergen in Nordirland.*

Topas

$Al_2SiO_4(F,OH)_2$

Fast aller Topas ist farblos oder blassblau, berühmter sind allerdings die gelben bis orangebraunen Edelsteinexemplare aus Minas Gerais (Brasilien). Andere Farben sind braun, rosa und rot. Edelsteine minderer Qualität wurden meist bestrahlt und/oder erhitzt, um sie rosa oder himmelblau zu färben. Topaskristalle sind kurz- bis langprismatisch mit keilförmig zulaufenden Enden oder sie bilden säulige, körnige oder derbe Aggregate. Topas ist ein hydrothermales Mineral in Graniten, Granitpegmatiten und Rhyolithen, findet sich in sedimentären Ablagerungen (Seifen) und in hochgradig metamorphen Gesteinen.

FARBLOSER EDELTOPAS

GELBER EDELTOPAS

GRUPPE: *Gerüstsilikate*
KRISTALLSYSTEM: *orthorhombisch*
SPALTBARKEIT/BRUCH: *vollkommen/schwach muschelig oder uneben*
GLANZ/STRICH: *Glasglanz/weiß*
HÄRTE/DICHTE: *8/3,49–3,57*
HAUPTMERKMALE: *Spaltbarkeit zur Basis oft im Innern von Kristallen und an Geröllen*

ANMERKUNG

Um als Edelstein zu gelten, muss ein Mineral schön, beständig und selten sein. Wenn Edelsteine führende Gesteine wie z.B. Pegmatite (S. 46) erodiert werden, können sich Topase und andere Minerale in Flussschottern anreichern. Vom Wasser abgerundete Gerölle können zu Edelsteinen geschliffen werden.

Beryll

$Be_3Al_2Si_6O_{18}$

Von Beryll gibt es zwei berühmte Edelsteinvarietäten, den tiefgrünen (»smaragdgrünen«) Smaragd, der durch Chrom gefärbt wird, sowie den meergrünen bis himmelblauen Aquamarin, dessen Färbung auf Eisen zurückgeht. Außerdem gibt es den rosaroten Morganit, den gelben Heliodor, den farblosen Goshenit sowie einen himbeerroten, manganhaltigen Beryll der Wah-Wah Mountains in Utah (USA). Gemeiner Beryll ist meist blassgrün oder weiß. Er bildet hexagonale Prismen oder Tafeln mit flachen oder pyramidalen Kristallenden sowie derbe, säulige oder körnige Aggregate. Vorkommen in Graniten, Granitpegmatiten und Rhyolithen, aber auch in metamorphen Gesteinen wie z.B. Schiefern.

DIE PEGMATITE *in den bergigen Nordwestprovinzen Pakistans sind berühmt für ihre exzellenten Aquamarine und Morganite.*

AQUAMARIN

GEMEINER BERYLL

SMARAGD

MORGANIT

HELIODOR

GRUPPE: *Ringsilikate*
KRISTALLSYSTEM: *hexagonal*
SPALTBARKEIT/BRUCH: *unvollkommen/muschelig bis uneben*
GLANZ/STRICH: *Glas-, Harzglanz/weiß*
HÄRTE/DICHTE: *7,5–8/2,62–2,97*
HAUPTMERKMALE: *hexagonale Kristalle wie Apatit (S. 157), ist jedoch viel härter*

ANMERKUNG

Die bedeutendsten Fundstätten von Smaragden liegen in den kolumbianischen Anden nördlich Bogotá. Ungewöhnlich daran ist, dass sie hydrothermaler Entstehung sind und in Kalkschiefern stecken. Fehlerlose, reine Smaragde sind sehr selten und erzielen höchste Preise. Preiswerter sind synthetische Smaragde.

EUKLAS *wurde erstmals aus Ouro Preto, Minas Gerais (Brasilien) beschrieben – einer berühmten Topasfundstätte.*

Euklas

$BeAlSiO_4(OH)$

Der Beryllium enthaltende Euklas ist gewöhnlich hell- bis dunkelgrün oder blau, kann aber auch farblos oder weiß sein. Die Kristallprismen haben abgeschrägte Enden. Dieses hübsche Edelsteinmineral entsteht durch chemische Umwandlung von Pegmatit-Beryll und findet sich auf alpinen Klüften. Ausgezeichnete farblose und blau zonierte Exemplare kommen aus Karoi (Simbabwe).

GRUPPE: *Inselsilikate*
KRISTALLSYSTEM: *monoklin*
SPALTBARKEIT/BRUCH: *vollkommen/muschelig*
GLANZ/STRICH: *Glasglanz, Perlmuttglanz auf Spaltflächen/weiß*
HÄRTE/DICHTE: *7,5/2,99–3,10*
HAUPTMERKMALE: *Kristallform; andere Spalteigenschaften als Topas (S. 178)*

EIN TURMALIN-GRANIT *mit rosa Orthoklasen namens Luxullianit ist nach einem Ort in Cornwall (England) benannt.*

Schörl

$NaFe^{2+}{}_3Al_6(BO_3)_3Si_6O_{18}(OH)_4$

Schörl ist ein schwarzer Turmalin mit sechsseitigen Kristallprismen und alternierend schmalen/breiten Flächen, was im Querschnitt ein Dreieck ergibt. Auch nadelige und faserige sowie derbe Aggregate kommen vor. Schörl findet man in Graniten und Granitpegmatiten sowie in hochtemperierten Hydrothermalgängen.

GRUPPE: *Ringsilikate (Turmalingruppe)*
KRISTALLSYSTEM: *trigonal*
SPALTBARKEIT/BRUCH: *keine/uneben bis muschelig*
GLANZ/STRICH: *Glas- bis Harzglanz/weiß*
HÄRTE/DICHTE: *7/3,18–3,22*
HAUPTMERKMALE: *schwarze Farbe; anders als Amphibole und Pyroxene keine Spaltbarkeit*

Elbait

$Na(Al_{1.5}Li_{1.5})Al_6(BO_3)Si_6O_{18}(OH)_4$

Turmaline sind Edelsteinminerale, nicht zuletzt wegen ihrer schönen Farben: Rubellit ist rot, Indigolith blau und Achroit farblos. Elbait kann alle diese Farben annehmen, auch grün, gelb oder orange. Einkristalle weisen auch Mehrfarbzonierungen auf. Form und Erscheinungsbild gleichen denen des Schörls. Vorkommen in Graniten und Granitpegmatiten, in hochtemperierten Hydrothermalgängen und einigen metamorphen Gesteinen.

DIE INSEL ELBA *(Italien) war namengebend für das Turmalinmineral Elbait, das hier in Granitsteinbrüchen entdeckt worden ist.*

WASSERMELONEN-TURMALIN

RUBELLIT

ZWEIFARBIGER ELBAIT-EDELSTEIN

BLAUER INDIGOLITH-EDELSTEIN

GELBER ELBAIT-EDELSTEIN

AUSSCHNITT

GRUPPE: *Ringsilikate (Turmalingruppe)*
KRISTALLSYSTEM: *trigonal*
SPALTBARKEIT/BRUCH: *keine/uneben bis muschelig*
GLANZ/STRICH: *Glas- bis Harzglanz/weiß*
HÄRTE/DICHTE: *7/2,90–3,10*
HAUPTMERKMALE: *besondere Kristallform; fehlende Spaltbarkeit; Farbzonierung*

ANMERKUNG

Turmaline sind pyroelektrisch, d.h. dass die Kristalle beim Erhitzen an beiden Enden eine Spannung aufbauen. Das elektrische Feld zieht Staubteilchen an, was dazu führt, dass zu warm aufbewahrte Elbaite (Schaufenster, -kasten) mit der Zeit einen düsteren Lichtschleier bekommen.

Lepidolith *Lithiumglimmer*

$KLi_2AlSi_4O_{10}(F,OH)_2$

DIE GRÖSSE *des Geologenhammers gibt einen Eindruck von den riesigen Lepidolithrosetten in diesem Pegmatitausbiss in South Dakota (USA).*

Lepidolith ist ein lithiumhaltiger Hellglimmer. Er ist in der Regel rosa-violett und kristallisiert in hexagonalen, leicht spaltbaren Formen oder bildet grob- bis feinkörnige Massen. Lepidolith findet sich in Granitpegmatiten zusammen mit Elbait, Spodumen und Amblygonit. Schöne Kristalle und traubige Aggregate kommen aus Minas Gerais (Brasilien).

GRUPPE: *Schichtsilikate (Glimmergruppe)*
KRISTALLSYSTEM: *monoklin*
SPALTBARKEIT/BRUCH: *vollkommen, Glimmerspaltbarkeit/nein*
GLANZ/STRICH: *Perlmutt- oder Glasglanz/farblos*
HÄRTE/DICHTE: *2,5–4/2,80–2,90*
HAUPTMERKMALE: *Farbe; Spaltbarkeit*

Zinnwaldit

$K(Li,Al,Fe)_3(Al,Si)_4O_{10}(OH,F)_2$

ZINNWALDIT *findet sich neben vielen anderen Mineralen in den zinnhaltigen Graniten bei Greifenstein in Sachsen.*

Zinnwaldit ist ein Dunkelglimmer, der Lithium enthält. Die Farbe ist meist braun oder graubraun und die sechsseitigen Kristalle zeigen die typisch perfekte Glimmerspaltbarkeit. Die Kristalle aggregieren auch zu Rosetten oder Fächern oder zu lamellaren oder schuppigen Massen. Zinnwaldit tritt in Greisen, Granitpegmatiten und begleitenden hochtemperierten Hydrothermalgängen auf.

GRUPPE: *Schichtsilikate (Glimmergruppe)*
KRISTALLSYSTEM: *monoklin*
SPALTBARKEIT/BRUCH: *vollkommen/nein*
GLANZ/STRICH: *Perlmutt- oder Glasglanz/farblos*
HÄRTE/DICHTE: *2,5–4/2,90–3,02*
HAUPTMERKMALE: *Unterscheidung nur durch chemische Analyse*

Spodumen

$LiAlSi_2O_6$

Zwei Varietäten des Spodumen eignen sich als Edelstein: Selten ist der hell smaragdgrüne Hiddenit, häufiger der rosa bis violette Kunzit, von dem bisweilen erstklassige durchscheinende Kristalle gefunden werden. Die Mehrzahl der Spodumene hat keine Edelsteinqualität, wird aber als wichtiger Lithiumrohstoff geschätzt. Die Kristalle sind farblos, hellgrün, rosa-braun und haben noch andere Helltöne, während sie unter UV-Licht gelb, orange oder rosa fluoreszieren. Sie sind prismatisch, meist abgeflacht und längsgestreift oder treten massig auf. Dieses Pyroxenmineral kann in Granitpegmatiten Einkristalle von mehreren Metern Länge entwickeln. Seltener in Apliten und Gneis.

HUNDERTE TONNEN *Spodumenkristalle wurden im Harding-Pegmatit in New Mexico (USA) abgebaut.*

HIDDENIT

blassgrüner Hiddenit-Edelstein

ANMERKUNG

Kunzitkristalle erscheinen dunkelviolett, violett oder farblos – abhängig vom Winkel, unter dem man sie betrachtet. Dieses Phänomen heißt Pleochroismus.

rosa Kunzit-Edelstein

KUNZIT

GRUPPE: *Kettensilikate (Pyroxengruppe)*
KRISTALLSYSTEM: *monoklin*
SPALTBARKEIT/BRUCH: *gut, Spaltwinkel 88°/uneben*
GLANZ/STRICH: *Glasglanz, auf Spaltflächen Perlmuttglanz/weiß*
HÄRTE/DICHTE: *6,5–7/3,03–3,23*
HAUPTMERKMALE: *häufig Pleochroismus*

IN DER GEGEND *des Pike's Peak in Colorado (USA) finden sich radialstrahlige Aggregate von Astrophyllit.*

Astrophyllit

$(K,Na)_3(Fe^{2+},Mn)_7Ti_2Si_8O_{24}(O,OH)_7$

Auf den ersten Blick wirken die glänzend gelben, braunen oder rotbraunen Kristalle wie Glimmer. Sie sind tafelig, klingenförmig oder nadelig ausgebildet und spalten perfekt zur Basis; oft sind sie zu radialstrahligen Clustern gebündelt. Astrophyllit bildet sich häufig in Nephelinsyeniten und Alkaligraniten mit ihren Pegmatiten. Seltener in Gneisen und metasomatischen Gesteinen.

AUSSCHNITT

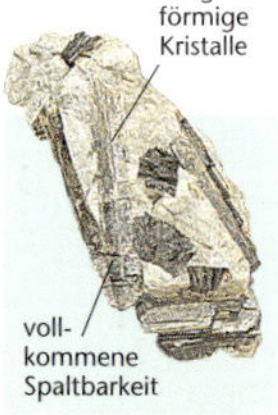

GRUPPE: *Schichtsilikate*
KRISTALLSYSTEM: *triklin*
SPALTBARKEIT/BRUCH: *vollkommen/uneben*
GLANZ/STRICH: *Metall-, Fett- oder Perlmuttglanz/goldgelb*
HÄRTE/DICHTE: *3/3,2–3,4*
HAUPTMERKMALE: *splitteriges, glimmerartiges Mineral; häufig radialstrahlige Aggregate*

BEKANNTE *Fundstätten für Eudialyt sind der Mont-Saint- Hilaire (Kanada) und die Ilimaussaq-Intrusion in Grönland.*

Eudialyt

$Na_{15}(Ca,Ce)_2(Fe^{2+},Mn^{2+})ZrSi_8O_{22}(OH,Cl)_2$

Das Mineral ist meist kräftig rosa gefärbt, gelbe und braune Kristalle sind aber auch bekannt. Meist in derben Massen, seltener sind langprismatische oder gedrungene Kristalle. Eudialyt ist ein bedeutendes Mineral in Nephelinsyeniten, Alkaligraniten und ihren Pegmatiten.

GRUPPE: *Ringsilikate*
KRISTALLSYSTEM: *hexagonal*
SPALTBARKEIT/BRUCH: *vollkommen/uneben*
GLANZ/STRICH: *Glasglanz, matt/weiß*
HÄRTE/DICHTE: *5–6/2,74–3,10*
HAUPTMERKMALE: *rosa Mineral in Nephelinsyeniten (S. 49) und Alkaligraniten, zusammen mit Arfvedsonit*

Augit

$(Ca,Na)(Mg,Fe,Al,Ti)(Si,Al)_2O_6$

Augit gehört zu den Klinopyroxenen und ist dunkelgrün, schwarz oder braun. Typisch sind kurzprismatische Kristalle, aber auch körnige oder derbe Aggregate. Augit ist ein wesentlicher Bestandteil von Basalten und Gabbros, er ist häufig in Pyroxeniten und anderen basischen Magmatiten, daneben auch in intermediären Gesteinen wie Andesit.

DUNKLE AUGITKRISTALLE *und heller Labradorit kennzeichnen diesen Gabbropegmatit am Manacle Point der Lizard-Halbinsel in Cornwall (England).*

GRUPPE: *Kettensilikate (Pyroxengruppe)*
KRISTALLSYSTEM: *monoklin*
SPALTBARKEIT/BRUCH: *deutlich; Spaltwinkel 88°/uneben bis muschelig*
GLANZ/STRICH: *Glas-, Harzglanz, matt/graugrün*
HÄRTE/DICHTE: *5,5–6/3,19–3,56*
HAUPTMERKMALE: *dunkel; Spaltwinkel 88°*

Pyrop

$Mg_3Al_2(SiO_4)_3$

Pyrop ist ein Magnesium-Aluminium-Granat. Die dunkelrote Farbe kann einen Stich ins Purpur, Rosa oder Orange haben oder Richtung schwarz gehen. Die Kristalle sind normalerweise dodekaedrisch oder trapezoedrisch bzw. bilden körnige oder derbe Massen. Anders als andere Granate trifft man Pyrop in ultrabasischen Magmatiten an, z.B. in Eklogiten oder Kimberliten sowie in den Detritusablagerungen dieser Gesteine.

KIMBERLIT *ist das Muttergestein der südafrikanischen Diamanten und enthält auch Pyrop.*

GRUPPE: *Inselsilikate (Granatgruppe)*
KRISTALLSYSTEM: *kubisch*
SPALTBARKEIT/BRUCH: *keine/muschelig*
GLANZ/STRICH: *Glasglanz/weiß*
HÄRTE/DICHTE: *7–7,5/3,58*
HAUPTMERKMALE: *Dodekaeder-Kristalle, leicht zu verwechseln mit Almandin (S. 207) und anderen Granatarten*

Diamant

C

MIT GERÖLL *gefüllte Kolke an den Kleinsee-Diamantgruben (Südafrika) enthalten angeschwemmte Diamanten.*

Nicht nur seine außerordentliche Härte und Zähigkeit, sondern besonders seine unvergleichliche Fähigkeit, Licht in seinem Inneren so zu reflektieren, dass es einem »Feuer« gleich in seine Spektralfarben aufgespalten wird, machen geschliffene Diamanten (»Brillanten«) so einzigartig. Die Kristalle sind oktaedrisch oder würfelförmig, oft mit gekrümmten Oberflächen. Nur lupenreine, farblose und deshalb seltene und wertvolle Diamanten kommen zum Schliff. Ausgefallene Exemplare sind goldgelb, blau, rosa, rot, grün, orange und violett. Die meisten Diamanten sind ohnehin gelb oder braun und gehen in die Industrie als Schneide- und Schleifmaterial, ebenso wie derbe Massen (»Bort«) und schwarzer Diamant (»Carbonado«). Fundstätten sind Kimberlite und Lamproite und wegen seiner Beständigkeit auch Fluss- und Strandseifen (z.B. Namibia).

AUSSCHNITT

OKTAEDRISCHER KRISTALL

KUBISCHER KRISTALL

FARBLOSER BRILLANT

GRAUGRÜNER BRILLANT

GELBER BRILLANT

ANMERKUNG

Diamant und Graphit (S. 216) bestehen beide aus reinem Kohlenstoff. Im Diamant sind seine Atome gleichmäßig miteinander vernetzt, was die hohe Härte bedingt. Im Graphit sind sie lagenförmig angeordnet, in der Lage ist die Bindung stark, zwischen den Lagen schwach, was ihn weich und schmierig macht.

GRUPPE: *gediegene Elemente*
KRISTALLSYSTEM: *kubisch*
SPALTBARKEIT/BRUCH: *vollkommen/muschelig*
GLANZ/STRICH: *Diamant- bis Fettglanz/weiß*
HÄRTE/DICHTE: *10/3,51*
HAUPTMERKMALE: *Diamantglanz, höchste Härte aller Minerale*

Nephelin *Eläolith*

$(Na,K)AlSiO_4$

Nephelin ist ein bedeutendes gesteinsbildendes Mineral, ist aber nicht einfach zu identifizieren. Die Kristalle sind prismatisch und selten wohlgeformt, vielmehr bilden sie körnige oder derbe Massen. Nephelin ist farblos, weiß, grau, gelb oder braun und zeigt oft Fett- oder Glasglanz. Der Feldspatvertreter bildet sich aus SiO_2-armen, alkalischen Schmelzen, kommt aber auch in natriumreichen Basalten und Tuffen vor.

DIE GROSSEN *und hellen Kristalle sind Nepheline eines Syenits bei Spitskop (Südafrika).*

KRISTALLE

GRUPPE: *Gerüstsilikate*
KRISTALLSYSTEM: *hexagonal*
SPALTBARKEIT/BRUCH: *schlecht/muschelig*
GLANZ/STRICH: *Fett-, Glasglanz/weiß*
HÄRTE/DICHTE: *5,5–6/2,55–2,66*
HAUPTMERKMALE: *häufig mit Fettglanz; nie zusammen mit Quarz (S. 143)*

Sodalith

$Na_8Al_6Si_6O_{24}Cl_2$

Das Mineral ist fast immer massig oder körnig, dodekaedrische Kristalle sind daher selten. Als blauer Sodalith ist er ein geschätzter Dekorstein, er kann aber auch farblos, grau, rosa oder in anderen Helltönen erscheinen. Unter UV-Licht fluoresziert er orange. Sodalith ist ein Feldspatvertreter und kommt in Alkaligesteinen, vulkanischen Auswurfgesteinen sowie in kalkigen metasomatischen Gesteinen vor.

KALKSTEINAUSWÜRFLINGE *des Vesuv (Italien) können weiße dodekaedrische Sodalithkristalle enthalten.*

CABOCHON

GRUPPE: *Gerüstsilikate*
KRISTALLSYSTEM: *kubisch*
SPALTBARKEIT/BRUCH: *schlecht/uneben, muschelig*
GLANZ/STRICH: *Fett-, Glasglanz/weiß*
HÄRTE/DICHTE: *5,5–6/2,27–2,33*
HAUPTMERKMALE: *fluoresziert orange; kein blauer Strich wie Lasyurit (S. 215)*

Haüyn

$Na_6Ca_2Al_6Si_6O_{24}(SO_4)_2$

LEBHAFT *blau gefärbter Haüyn ist Bestandteil dieses Lavabrockens vom Laacher See in der Eifel.*

Haüyn ist in der Regel hellblau, auch weiß; unter UV-Licht fluoresziert er orange oder rosa. Oktaedrische oder dodekaedrische Kristalle sind relativ selten, meist kristallisiert Haüyn in rundlichen Körnern und derben Massen. Als Feldspatvertreter tritt er in Phonolithen und anderen leucit- oder nephelinreichen Magmatiten auf.

AUSSCHNITT

GRUPPE: *Gerüstsilikate*
KRISTALLSYSTEM: *kubisch*
SPALTBARKEIT/BRUCH: *undeutlich/uneben, muschelig*
GLANZ/STRICH: *Fett-, Glasglanz/weiß bis weißlich blau*
HÄRTE/DICHTE: *5,5–6/2,44–2,50*
HAUPTMERKMALE: *Farbe, Fluoreszenz*

Nosean

$Na_8Al_6Si_6O_{24}(SO_4).H_2O$

GUTE *Fundbedingungen für Nosean liegen in der Eifel vor.*

Dieser Feldspatvertreter kann farblos, weiß, grau, graubraun oder blau sein. Nosean Kristalle sind sehr klein, haben dodekaedrische Form oder bilden sechsseitige, verzwillingte Prismen. Die Kristalle oder Körner sind in Phonolithen und verwandten SiO_2-armen Vulkaniten eingestreut; auch in vulkanischen Bomben zu finden.

AUSSCHNITT

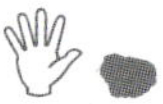

GRUPPE: *Gerüstsilikate*
KRISTALLSYSTEM: *kubisch*
SPALTBARKEIT/BRUCH: *undeutlich/uneben, muschelig*
GLANZ/STRICH: *Glasglanz/weiß*
HÄRTE/DICHTE: *5,5/2,30–2,40*
HAUPTMERKMALE: *Kristallform; keine Fluoreszenz unter UV-Licht*

IM GEBIET *des Vesuv findet man ausgezeichnete Leucitkristalle.*

Leucit

$KAlSi_2O_6$

Leucit ist farblos, weiß oder grau. Hohe Bildungstemperaturen erzeugen kubische, trapezoedrische Kristalle. Diese Form wird beim Abkühlen bewahrt und mündet in tetragonaler Symmetrie. Schöne Kristalle sind häufig, verstreut im Gestein vorkommende Körner eher selten. Als Zeolithmineral ist Leucit Bestandteil von kaliumreichen und SiO_2-armen basischen Laven; manchmal bestehen diese sogar völlig aus Leucit.

GRUPPE: *Gerüstsilikate (Zeolithgruppe)*
KRISTALLSYSTEM: *tetragonal*
SPALTBARKEIT/BRUCH: *schlecht/muschelig*
GLANZ/STRICH: *Glasglanz/weiß*
HÄRTE/DICHTE: *5,5–6/2,45–2,50*
HAUPTMERKMALE: *im Gestein verteilte trapezoedrische Kristalle*

Analcim

$NaAlSi_2O_6 \cdot H_2O$

SCHÖNE *Analcimkristalle findet man in umgewandelten Magmatiten in Cornwall (England).*

Wie Leucit ist Analcim in der Regel farblos, weiß oder grau, aber auch rosa, blassgrün oder gelb. Er bildet trapezoedrische Kristalle sowie körnige oder kompakte Aggregate. Analcim ist ein Zeolithmineral und entsteht durch hydrothermale Prozesse auf Klüften und in Hohlräumen SiO_2-armer basischer und intermediärer Magmatite.

GRUPPE: *Gerüstsilikate (Zeolithgruppe)*
KRISTALLSYSTEM: *kubisch, tetragonal, orthorhombisch oder pseudokubisch*
SPALTBARKEIT/BRUCH: *keine/muschelig*
GLANZ/STRICH: *Glasglanz/weiß*
HÄRTE/DICHTE: *5–5,5/2,24–2,29*
HAUPTMERKMALE: *Kristall-Trapezoeder auf Klüften und in Hohlräumen*

NATRIUMREICHER *Sodalith steckt oft in Kissenlava – untermeerisch abgesetzter Basalt.*

Natrolith

$Na_2(Al_2Si_3O_{10}) \cdot 2H_2O$

Natrolith ist farblos, weiß, blassgelb oder rosa, und die prismatischen Kristalle haben einen quadratischen Querschnitt. Sie können zu faserigen, körnigen oder kompakten Aggregaten vereint sein. Natrolith kommt zusammen mit anderen Zeolithen in Hohlräumen untermeerisch ausgebrochener Basalte und in Trachyten vor sowie in umgewandelten Syeniten, Apliten und Doleriten.

GRUPPE: *Gerüstsilikate (Zeolithgruppe)*
KRISTALLSYSTEM: *orthorhombisch*
SPALTBARKEIT/BRUCH: *vollkommen/uneben*
GLANZ/STRICH: *Glas-, Perlmuttglanz/weiß*
HÄRTE/DICHTE: *5–5,5/2,20–2,26*
HAUPTMERKMALE: *ähnlich Mesolith (s. unten) und Skolezit (S. 191); aber vorwiegend in Kissenlava (S. 63) und einigen Magmatiten*

FINE FEINKÖRNIGE *Mischung aus Mesolith und Thomsonit von der Küste von Antrim (Nordirland) nennt man Antrimolit.*

Mesolith

$Na_2Ca_2(Al_6Si_9O_{30}) \cdot 8H_2O$

Chemisch liegt das Zeolithmineral Mesolith etwa zwischen Natrolith und Skolezit. Seine Kristalle sind farblos, weiß oder hell getönt und präsentieren sich langprismatisch, nadelig oder faserig und bilden feinfaserige Kissen sowie strahlige oder kompakte Aggregate. Oft in Basalthohlräumen zusammen mit Stilbit, Heulandit und grünem Apophyllit.

AUSSCHNITT

GRUPPE: *Gerüstsilikate (Zeolithgruppe)*
KRISTALLSYSTEM: *orthorhombisch*
SPALTBARKEIT/BRUCH: *vollkommen/uneben*
GLANZ/STRICH: *Glasglanz, Fasern mit Perlmuttglanz/weiß*
HÄRTE/DICHTE: *5/2,26*
HAUPTMERKMALE: *Kristalle mit quadratischem Querschnitt*

IN DEN *tertiären Basalten und anderen Gesteinen Islands findet man radialstrahlige Skolezitaggregate.*

Skolezit

$Ca(Al_2Si_3O_{10})\cdot 3H_2O$

Wie Natrolith und Mesolith hat auch Skolezit farblose, weiße prismatische Kristallnadeln. Diese sind stets gestreift, und die Enden sind V-förmig, nicht quadratisch, eine Folge von Zwillingsbildung. Sie bilden gerne radialstrahlige Aggregate, faserige oder derbe Massen. Auch dieser Zeolith findet sich in Basalthohlräumen.

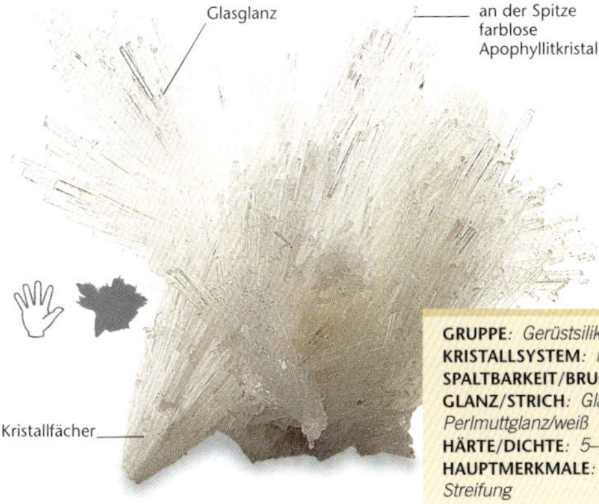

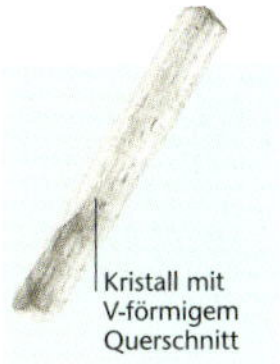

GRUPPE: *Gerüstsilikate (Zeolithgruppe)*
KRISTALLSYSTEM: *monoklin*
SPALTBARKEIT/BRUCH: *vollkommen/uneben*
GLANZ/STRICH: *Glasglanz, Fasern mit Perlmuttglanz/weiß*
HÄRTE/DICHTE: *5–5,5/2,25–2,29*
HAUPTMERKMALE: *V-förmige Enden; Streifung*

Thomsonit

$Ca_2Na(Al_5Si_5O_{20})\cdot 6H_2O$

TYPISCH TAFELIGE *Thomsonitkristalle stammen aus dem Antrim County (Nordirland).*

Dieses Zeolithmineral ist farblos, weiß, rosa, gelb oder braun. Die Kristalle sind tafelig, blockig, blättrig oder radialstrahlig. Kugelige, traubig-nierige und derbe Aggregate mit attraktiver konzentrischer Bänderung sind bekannt. Hauptsächlich kommt Thomsonit in Mandelsteinbasalten vor, daneben auch in einigen Pegmatiten und kontaktmetamorphen Gesteinen.

GRUPPE: *Gerüstsilikate (Zeolithgruppe)*
KRISTALLSYSTEM: *orthorhombisch*
SPALTBARKEIT/BRUCH: *vollkommen/uneben, muschelig*
GLANZ/STRICH: *Glasglanz/weiß*
HÄRTE/DICHTE: *5–5,5/2,23–2,39*
HAUPTMERKMALE: *längliche, blättrige Kristallformen*

DIE BASALTE *in der Gegend der Victoriafälle an der Grenze Simbabwe–Sambia enthalten Heulandit.*

Heulandite

$(Ca_{0.5},Na,K)_9(Al_9Si_{27}O_{72})\cdot{\sim}24H_2O$

Calcium-Heulandit ist der bekannteste der vier Heulandit-Varietäten, die alle gleich aussehen mit ihren sargförmigen, tafeligen Kristallen, und die auch körnig oder massig auftreten. Heulandite sind farblos, weiß, rosa, rot, gelb oder braun und kommen mit anderen Zeolithen und Apophylliten in Hohlräumen von Basalten und anderen Vulkaniten vor.

GRUPPE: *Gerüstsilikate (Zeolithgruppe)*
KRISTALLSYSTEM: *monoklin*
SPALTBARKEIT/BRUCH: *vollkommen/ schwach muschelig bis uneben*
GLANZ/STRICH: *Glas-, Perlmuttglanz/weiß*
HÄRTE/DICHTE: *3,5–4/2,10–2,20*
HAUPTMERKMALE: *längliche, sargförmige Kristalle, im Zentrum am breitesten*

AN DER *Fundy-Bay in Neuschottland (Kanada) werden schöne Stilbite gefunden.*

Stilbit *Desmin*

$(Ca_{0.5},Na,K)_9(Al_9Si_{27}O_{72})\cdot 28H_2O$

Stilbitkristalle sind dünntafelig und bilden häufig garbenförmige oder krawattenknotenartige Aggregate sowie kugelige Anhäufungen. Die Kristalle sind farblos, weiß, rosa, rot, gelb oder braun gefärbt. Die zwei Stilbitarten Natrium- und Calcium-Stilbit sind kaum unterscheidbar. Sie füllen mit anderen Zeolithen Basalt- oder Andesithohlräume aus und finden sich auch in metamorphen und sedimentären Gesteinen.

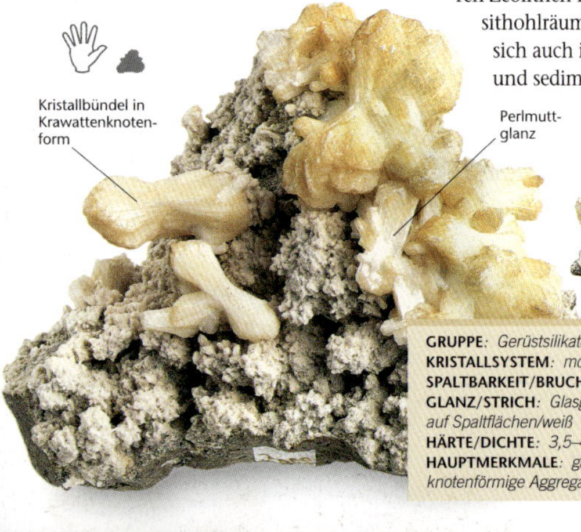

GRUPPE: *Gerüstsilikate (Zeolithgruppe)*
KRISTALLSYSTEM: *monoklin*
SPALTBARKEIT/BRUCH: *vollkommen/uneben*
GLANZ/STRICH: *Glasglanz, Perlmuttglanz auf Spaltflächen/weiß*
HÄRTE/DICHTE: *3,5–4/2,19*
HAUPTMERKMALE: *garben- oder krawattenknotenförmige Aggregate mit Perlmuttglanz*

Chabasit

$(Ca_{0.5},Na,K)_4(Al_4Si_8O_{24})\cdot 12H_2O$

Chabasitkristalle erscheinen nahezu kubisch, sind aber rhomboedrisch – außer es sind Zwillinge, dann sind sie hexagonal und gerundet. Sie sind farblos, weiß, gelb, rosa oder rot. Man unterscheidet drei Formen, Calcium-, Kalium- und Natrium-Chabasit. Wie andere Zeolithe wachsen sie in Hohlräumen von Basalt, Andesit und anderen Vulkangesteinen. Vorkommen auch in Hydrothermalgängen und Tufflagen.

MANDELFÜLLUNGEN *der Basaltlaven von Quairang auf der Insel Skye (Schottland) bergen oft Chabasit und andere Zeolithe.*

GRUPPE: *Gerüstsilikate (Zeolithgruppe)*
KRISTALLSYSTEM: *trigonal*
SPALTBARKEIT/BRUCH: *deutlich/uneben*
GLANZ/STRICH: *Glasglanz/weiß*
HÄRTE/DICHTE: *4–5/2,05–2,20*
HAUPTMERKMALE: *würfelähnliche Kristalle, reagieren nicht mit verdünnter Salzsäure; meist in vulkanischen Hohlräumen*

Phillipsit

$(K,Na,Ca_{0.5},Ba_{0.5})_{4-7}(Al_{4-7}Si_{12-9}O_{32})\cdot 12H_2O$

Phillipsit ist ein Zeolithmineral und zeigt oft prismatische Durchkreuzungszwillinge, die sich zu Kugeln arrangieren. Sie sind meist farblos oder weiß, bisweilen auch gelb oder rot getönt. Die drei Phillipsitarten Calcium-, Kalium- und Natrium- sind äußerlich gleich. Vorkommen in Basalthohlräumen sowie in manchen Sedimentgesteinen.

EINE BEKANNTE *Fundstelle von Phillipsit liegt am Capo di Bove an der Via Appia bei Rom (Italien).*

AUSSCHNITT

GRUPPE: *Gerüstsilikate (Zeolithgruppe)*
KRISTALLSYSTEM: *monoklin*
SPALTBARKEIT/BRUCH: *deutlich/uneben*
GLANZ/STRICH: *Glasglanz/weiß*
HÄRTE/DICHTE: *4–4,5/2,20*
HAUPTMERKMALE: *kugelige Aggregate, gleichen anderen Zeolithen in Basalt (S. 61)*

WEISSER HARMOTOM *und violetter Amethyst füllen diesen Hohlraum aus; Fundort: Idar-Oberstein.*

Harmotom

$Ba_2(NaKCa_{0.5})(Al_5Si_{11}O_{32})\cdot 12H_2O$

Dieser Bariumzeolith kristallisiert in länglichen Tafeln sowie in einfachen oder komplexen Zwillingen. Normalerweise ist er farblos, weiß oder grau, aber auch gelb oder rosa getönt. Anders als andere Zeolithe kommt Harmotom viel häufiger in Hydrothermalgängen als in Basalthohlräumen vor. Sehr hübsche Exemplare stammen aus Strontian (Schottland) sowie aus dem Harz.

AUSSCHNITT

GRUPPE: *Gerüstsilikate (Zeolithgruppe)*
KRISTALLSYSTEM: *monoklin*
SPALTBARKEIT/BRUCH: *deutlich/uneben bis schwach muschelig*
GLANZ/STRICH: *Glasglanz/weiß*
HÄRTE/DICHTE: *4,5/2,41–2,47*
HAUPTMERKMALE: *gedrungene Kristallform; Durchkreuzungszwillinge*

LAUMONTIT *in Lavagesteinen des Krafla-Vulkans auf Island; niedrige Bildungstemperatur 100–230° C.*

Laumontit

$Ca_4(Al_8Si_{16}O_{48})\cdot 18H_2O$

Laumontit ist ein Zeolithmineral und kann weiß, grau, rosa oder gelb sein. Die quadratischen Kristallprismen haben schiefe spitze Enden. Häufig sind auch radialstrahlig-faserige Massen oder derbe Aggregate. Man findet ihn in Hohlräumen niedrigtemperierter Ganggesteine; bildet auch erhebliche Sedimentlagen.

LEONHARDIT

GRUPPE: *Gerüstsilikate (Zeolithgruppe)*
KRISTALLSYSTEM: *monoklin*
SPALTBARKEIT/BRUCH: *vollkommen/uneben*
GLANZ/STRICH: *Glas- oder Perlmuttglanz, auf Spaltflächen matt, wenn entwässerte Form weiß*
HÄRTE/DICHTE: *3–4,5/2,41*
HAUPTMERKMALE: *Entwässert rasch unter Bildung von Leonhardit.*

Apophyllit

$KCa_4Si_8O_{20}(F,OH)\cdot H_2O$

Die großen durchscheinenden bis durchsichtigen grünen, rosa, farblosen oder weißen Kristalle sind bei Sammlern sehr beliebt. Die quadratflächigen, gestreiften Prismen haben abgeplattete, kubisch wirkende Enden, die auch in spitzen Pyramiden auslaufen können. Apophyllit gibt es in zwei mischbaren Varietäten, eine fluor- (F,OH) und einen hydroxylbetonte (OH,F). Zusammen mit anderen Zeolithen in Basalthohlräumen.

APOPHYLLIT *neben einer ansehnlichen Reihe anderer Zeolithe findet sich in den vulkanischen Klippen der Insel Skye (Schottland).*

GRUPPE: *Schichtsilikate*
KRISTALLSYSTEM: *tetragonal*
SPALTBARKEIT/BRUCH: *vollkommen/uneben*
GLANZ/STRICH: *Glasglanz, auf Spaltflächen Perlmuttglanz/weiß*
HÄRTE/DICHTE: *4,5–5/2,33–2,37*
HAUPTMERKMALE: *große Kristalle mit quadratischen Seitenflächen; zusammen mit Zeolithen*

Prehnit

$Ca_2Al_2Si_3O_{10}(OH)_2$

Prehnitkristalle sind hellgrün, weiß oder gelb, sie sind tafelig oder prismatisch – und sie sind selten. Meist bilden sie nämlich fächerförmige, kugelige oder traubige Aggregate, die deutlich dunkler sind. Prehnit kommt zusammen mit Calcit und Zeolithen in den Hohlräumen basischer Vulkanite vor. Schöne Kristalle sind u.a. aus Le Bourg-d'Oisans (Frankreich) bekannt geworden.

DIE ERSTEN *Prehnite wurden in den Basalten am Kap der Guten Hoffnung (Südafrika) gefunden.*

GRUPPE: *Schichtsilikate*
KRISTALLSYSTEM: *orthorhombisch*
SPALTBARKEIT/BRUCH: *gut/uneben*
GLANZ/STRICH: *Glasglanz, z.T. Perlmuttglanz/weiß*
HÄRTE/DICHTE: *6–6,5/2,80–2,95*
HAUPTMERKMALE: *meist grün, traubignierig; Vorkommen in Vulkaniten*

Cavansit

$Ca(V^{4+}O)Si_4O_{10} \cdot 4H_2O$

DIE SCHÖNSTEN *Cavansitkristalle der Erde verbergen sich in den Dekhan-Flutbasalten Indiens.*

Fantastisch enzianblaue Rosetten aus prismatischem Cavansit kommen aus den Steinbrüchen um Pune (Indien), wo sie zusammen mit Zeolithen in Hohlräumen von umgewandeltem Andesit und Basalt vorkommen. Bis zur Entdeckung dieser Fundstellen war Cavansit sehr selten. Sein Name verweist auf die chemischen Elemente Calcium, Vanadium und Silicium, aus denen er besteht.

AUSSCHNITT

GRUPPE: *Schichtsilikate*
KRISTALLSYSTEM: *orthorhombisch*
SPALTBARKEIT/BRUCH: *gut/muschelig*
GLANZ/STRICH: *Glasglanz/hellblau*
HÄRTE/DICHTE: *3–4/2,21–2,31*
HAUPTMERKMALE: *Blaue Kupferminerale sind nicht mit Zeolithen vergesellschaftet.*

Okenit

$Ca_5Si_9O_{23} \cdot 9H_2O$

DIESE *Hohlraumfüllung besteht aus weißem Okenit sowie einem Calcit-Einkristall auf grauem Chalcedon.*

Okenit aus den Gebieten um Mumbai (Bombay) und Pune in Indien gleicht weißen Pelzbällchen; die schlanken Nadeln sind sehr spröde und zerbrechlich. An anderen Fundstellen sind die weißen oder cremefarbenen Kristalle oft faserig, jedoch auch blättrig. Vorkommen in Hohlräumen von Basaltlava, zusammen mit Zeolithen, Calcit, Quarz sowie dem hellgrünen Calciumsilikatmineral Gyrolith.

AUSSCHNITT

GRUPPE: *Kettensilikate*
KRISTALLSYSTEM: *triklin*
SPALTBARKEIT/BRUCH: *vollkommen/splitterig*
GLANZ/STRICH: *Glas-, Perlmuttglanz/weiß*
HÄRTE/DICHTE: *4,5–5/2,28–2,33*
HAUPTMERKMALE: *weißen Pelzbällchen gleich; in Basalthohlräumen*

Aktinolith

$Ca_2(Mg,Fe^{2+})_5Si_8O_{22}(OH)_2$

Grüner Aktinolith tritt in Form blättriger, nadeliger oder faseriger Kristalle auf, oft in gekrümmten Aggregaten oder als Asbest. Massigen, feinkörnigen Aktinolith sowie Tremolit (s. unten) nennt man Nephrit oder Beilstein. Beide bilden eine Mischkristallreihe und finden sich in Grünschiefern, Blauschiefern und anderen niedrig- bis mittelgradigen metamorphen Gesteinen.

DIE STÄNGELIGEN *oder faserigen grünen Kristalle dieses Aktinolithaggregats fallen im metamorphen Gelände sofort auf.*

NEPHRIT (BEILSTEIN)

GRUPPE: *Bändersilikate (Amphibolgruppe)*
KRISTALLSYSTEM: *monoklin*
SPALTBARKEIT/BRUCH: *gut, Spaltwinkel 56° und 124°/uneben, splitterig*
GLANZ/STRICH: *Glas-, Seidenglanz/weiß*
HÄRTE/DICHTE : *5–6/3,03–3,24*
HAUPTMERKMALE: *typische Amphibol-Spaltbarkeit; weniger dicht als Jadeit (S. 199)*

Tremolit

$Ca_2Mg_5Si_8O_{22}(OH)_2$

Das Amphibolmineral Tremolit ist im reinen Zustand weiß, in Richtung Aktinolith (s. oben) wird er zunehmend grünlich. Manganspuren färben ihn rosa oder violett. Die Kristalle sind blättrig, faserig oder körnig oder bilden Asbest. Derbe Aggregate nennt man wie beim Aktinolith Nephrit. Tremolit tritt in niedrigmetamorphen Schiefern und dolomitisierten Kalksteinen auf.

TREMOLIT *entsteht durch Metamorphose, einen Teilprozess der Gebirgsbildung (Bild: Alpen).*

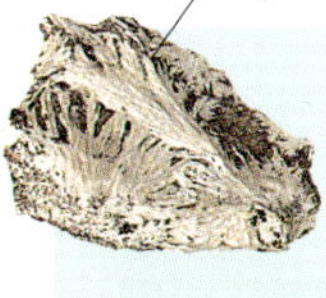

GRUPPE: *Bändersilikat (Amphibolgruppe)*
KRISTALLSYSTEM: *monoklin*
SPALTBARKEIT/BRUCH: *gut, Spaltwinkel 56° und 124°/uneben, splitterig*
GLANZ/STRICH: *Glas-, Seidenglanz/weiß*
HÄRTE/DICHTE: *5–6/2,99–3,03*
HAUPTMERKMALE: *typische Amphibol-Spaltbarkeit; weniger dicht als Jadeit (S. 199)*

DIESER *Klinochlorbrocken mit Granat stammt aus Saas Fee in den Schweizer Alpen.*

Klinochlor

$(Mg,Al_2)_6(Si,Al)_4O_{10}(OH)_8$

Klinochlor ist ein häufiges Chloritmineral. Es bildet dunkelgrüne, blättrige, körnige oder schuppige Massen, sich verjüngende, hexagonale Kristalle und kommt verstreut im Gestein vor. Es ist Hauptmineral in Chloritschiefern und findet sich in Serpentiniten, Marmoren, Amphiboliten und anderen metamorphen Gesteinen sowie in Hydrothermalgesteinen. Die Chromvarietät Kämmererit ist violett-rosa und tritt in Chromerzen auf.

AUSSCHNITT

KÄMMERERIT

GRUPPE: *Schichtsilikate (Chloritgruppe)*
KRISTALLSYSTEM: *monoklin*
SPALTBARKEIT/BRUCH: *vollkommene Glimmerspaltbarkeit/nein*
GLANZ/STRICH: *Perlmutt-, Fettglanz; auch matt/blassgrün*
HÄRTE/DICHTE: *2–2,5/2,6–3,02*
HAUPTMERKMALE: *Farbe, Spaltbarkeit*

IN DEN *Piemonteser Alpen, hier am Ortasee, stehen Glaukophan führende Blauschiefer an.*

Glaukophan

$Na_2(Mg_3Al_2)Si_8O_{22}(OH)_2$

Dieses graue bis graublaue Amphibolmineral findet man als schlanke prismatische, nadelige oder faserige Kristalle sowie in Form körniger Massen. Glaukophan ist ein typisches Mineral für die metamorphen Blauschiefergesteine, kommt aber auch in Grünschiefern und einigen Eklogiten vor. Bedeutende Fundstellen in Norditalien, Japan und Kalifornien.

AUSSCHNITT

GRUPPE: *Bändersilikate (Amphibolgruppe)*
KRISTALLSYSTEM: *monoklin*
SPALTBARKEIT/BRUCH: *vollkommen, Spaltwinkel 56° und 124°/uneben, muschelig*
GLANZ/STRICH: *Glas-, Perlmuttglanz/graublau*
HÄRTE/DICHTE: *6/3,08–3,22*
HAUPTMERKMALE: *blaugraue Kristalle in Schiefergestein mit Amphibol-Spaltbarkeit*

Jadeit

$Na(Al,Fe^{3+})Si_2O_6$

JADEIT *ist meist an Eklogite oder Blauschiefer gebunden, wie hier in As Sifah (Oman).*

Massiger Jadeit, die teuerste Form von Jade, ist ein zähes, dichtes, durchscheinendes Material, das ideal zum Schnitzen ist. Leuchtend smaragdgrünen Jadeit nennt man Imperialjade, er kommt aber in vielen Farben vor wie weiß, gelb, violett und in vielen Grüntönen. Oberflächen verwittern braun. Jadeit kann faserig sein, und sehr selten auch in Prismen oder Plättchen kristallisieren, namentlich in Aushöhlungen. Dieses Pyroxenmineral ist typisch für Blauschiefer und andere metamorphe Gesteine sowie für Eklogite. Wichtige Edelsteinlager von Jadeit befinden sich am Fluss Uru in Birma und im Motagua-Tal in Guatemala.

IMPERIALJADE

GRUPPE: *Kettensilikate (Pyroxengruppe)*
KRISTALLSYSTEM: *monoklin*
SPALTBARKEIT/BRUCH: *gut, selten zu sehen/wenn massig, splitterig*
GLANZ/STRICH: *Glasglanz, Perlmuttglanz auf Spaltflächen/weiß*
HÄRTE/DICHTE: *6–7/3,24–3,43*
HAUPTMERKMALE: *dichter als Nephrit (S. 197)*

ANMERKUNG

Ein weiteres Pyroxenmineral, das oft mit Jadeit und Glaukophan (S. 198) auftritt, ist Omphacit (Ca,Na)(Mg,Fe,Al)Si2O6. Er kommt in Blauschiefern (S. 71) vor, und ist grüner Hauptbestandteil von Eklogit (S. 71). Omphacit ist fast immer massig oder körnig.

Anthophyllit

$Mg_7Si_8O_{22}(OH)_2$

DIE MASSIGEN *Anthophyllit-Rosetten in diesem Felsen (Südafrika) sind typisch für die Mineralart.*

Dieses Amphibolmineral kristallisiert meist in blättrigen oder faserigen Aggregaten, kann aber auch in derben Massen oder als Asbest vorkommen. Anthophyllit ist grau, purpurbraun oder gelbbraun. Bildet sich in magnesiumreichen metamorphen Schiefern, in Amphiboliten, Gneisen, Metaquarziten, metamorphen Eisenformationen und Granuliten.

GRUPPE: *Bändersilikate (Amphibolgruppe)*
KRISTALLSYSTEM: *orthorhombisch*
SPALTBARKEIT/BRUCH: *vollkommen, Spaltwinkel 56° und 124°/splitterig*
GLANZ/STRICH: *Glasglanz, Perlmuttglanz auf Spaltflächen/weiß oder grau*
HÄRTE/DICHTE: *5,5–6/2,9–3,5*
HAUPTMERKMALE: *Farbe, Spaltbarkeit*

Epidot *Pistazit*

$Ca_2Al_3(Fe^{3+},Al)Si_3O_{12}(OH)$

IN DIESEM *umgewandelten Andesit bei Somerset (England) überzieht Epidot dessen Klüfte.*

Die typische Farbe des Epidots ist ein gelbes bis braunes Pistaziengrün, manchmal ist er auch nur grau oder gelb. Epidotkristalle sind prismatisch und häufig gestreift. Aggregate sind faserig, körnig oder derb. Epidot findet man meist in metamorphen Grünschiefern und Amphiboliten; er entsteht aber auch durch Umwandlung von Plagioklasen, z.B. in Gabbros.

GRUPPE: *Gruppensilikate (Epidotgruppe)*
KRISTALLSYSTEM: *monoklin*
SPALTBARKEIT/BRUCH: *vollkommen/uneben*
GLANZ/STRICH: *Glas-, Perlmutt- oder Harzglanz/farblos oder grau*
HÄRTE/DICHTE: *6–7/3,38–3,49*
HAUPTMERKMALE: *pistaziengrüne Farbe, prismatische Kristallform, Spaltbarkeit zur Basis*

Piemontit

$Ca_2(Al,Mn^{3+},Fe^{3+})_3Si_3O_{12}(OH)$

Dieses manganhaltige, purpurrote bis violettbraune Silikat ist Epidot sehr ähnlich. Die Kristalle sind prismatisch-stäbchenartig, am häufigsten sind jedoch körnige Aggregate oder derbe Massen. Vorkommen in niedrig- bis mitteltemperierten metamorphen Gesteinen, in metasomatischen Körpern, niedrigtemperierten Hydrothermalgängen und umgewandelten Magmatiten. Schöne Kristalle kommen aus dem Aostatal in der Region Piemont (Italien), wo er erstmals beschrieben worden ist.

AUF DER *Insel Andros (Griechenland) kommt Piemontit zusammen mit dem sehr ähnlichen Androsit-(La) vor.*

AUSSCHNITT

GRUPPE: *Gruppensilikate (Epidotgruppe)*
KRISTALLSYSTEM: *monoklin*
SPALTBARKEIT/BRUCH: *vollkommen/uneben*
GLANZ/STRICH: *Glasglanz/rot*
HÄRTE/DICHTE: *6–6,5/3,46–3,54*
HAUPTMERKMALE: *deutlich purpurrot, durchscheinend bis fast opak*

Talk

$Mg_3Si_4O_{10}(OH)_2$

Talk ist weiß, braun oder grün und bildet blättrige, faserige oder dichte Massen (»Speckstein«). Er ist extrem weich, lässt sich schnitzen und glänzt perlmuttartig. Er kommt in Talkschiefern sowie in hydrothermalen Serpentinitgängen vor und entsteht durch Metamorphose kieselhaltiger Dolomite. Talk wird zu Talkumpulver verarbeitet.

SERPENTINIT *von der Lizard-Halbinsel in Cornwall (England) enthält reichlich Talk.*

SPECKSTEIN-LÖWE

GRUPPE: *Schichtsilikate (Glimmergruppe)*
KRISTALLSYSTEM: *triklin oder monoklin*
SPALTBARKEIT/BRUCH: *vollkommen/uneben, schneidbar, biegsam*
GLANZ/STRICH: *Perlmutt-, Fettglanz, matt/weiß*
HÄRTE/DICHTE: *1/2,58–2,83*
HAUPTMERKMALE: *weich; ähnlich Pyrophyllit*

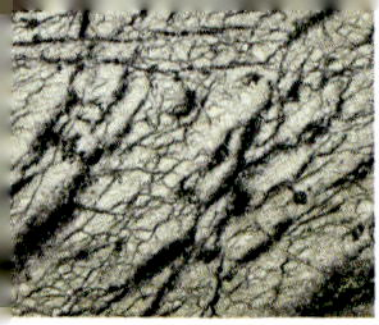

DIESE KLEINE *polierte Platte zeigt sehr schön den Schlangenhaut-Charakter von Serpentingesteinen.*

Serpentin

typisch $Mg_3Si_2O_5(OH)_4$

Mit Serpentin wird eine Gruppe weißer, gelber oder graugrüner Magnesium-Silikatminerale bezeichnet, die auf den ersten Blick wie eine Schlangenhaut aussehen. Meist bilden sie Mischungen, selten lassen sich einzelne Mitglieder unterscheiden. Antigorit erscheint in plattigen, blättrigen oder faserigen Aggregaten, Chrysotil in drei verschiedenen Kristallsymmetrien – als Ortho-, Para- und Klinochrysotil; seine faserigen Kristalle bilden Asbestadern im Gestein. Lizardit kristallisiert in feinkörnigen Massen. Serpentinminerale sind die Hauptbestandteile der Serpentinite, die aus der Umwandlung und Metamorphose ultrabasischer Magmatite hervorgehen.

LIZARDIT

CHRYSOTIL

AUSSCHNITT

ANTIGORIT

GRUPPE: *Schichtsilikate (Serpentingruppe)*
KRISTALLSYSTEM: *variabel*
SPALTBARKEIT/BRUCH: *vollkommen/splitterig; Chrysotil-Kristalle miteinander verfilzt*
GLANZ/STRICH: *Wachs-, Seidenglanz/weiß*
HÄRTE/DICHTE: *2,5–3,5/2,53–2,65*
HAUPTMERKMALE: *Chrysotilfasern verfilzen beim Reiben; Asbestfasern sind Krebs erregend!*

ANMERKUNG

Serpentinhaltige Gesteine sind beliebte Dekorsteine und werden gerne an Fassaden verbaut. Ornamente und Schmucksteine bestehen häufig aus einer durchscheinenden Varietät, die »Bowenit« oder »Neue Jade« genannt wird, aber gegenüber Jadeit (S. 199) von minderer Qualität ist.

SERPENTINITKÖRPER *mit Brucitadern gibt es auf den Shetland-Inseln (Schottland).*

Brucit

$Mg(OH)_2$

Brucit ist weiß, blassgrün, blassblau, grau oder braun. Die Kristalle sind tafelig, oft plattige oder blättrige Aggregate, jedoch wurden auch schöne große Kristalle gefunden. Die Varietät Nemalith ist faserig ausgebildet. Brucit tritt in Serpentiniten auf, aber auch in niedrig temperierten Hydrothermalgängen von Marmoren und Chloritschiefern.

GRUPPE: *Hydroxide*
KRISTALLSYSTEM: *trigonal*
SPALTBARKEIT/BRUCH: *vollkommen/splitterig*
GLANZ/STRICH: *Wachsglanz, Perlmuttglanz auf Spaltflächen/weiß*
HÄRTE/DICHTE: *2,5/2,39*
HAUPTMERKMALE: *weich, schneidbar; weniger fettig anzufühlen als Talk (S. 201)*

NEMALITH

Magnesit

$MgCO_3$

Schön ausgeformte Rhomboeder- oder Prismenkristalle findet man von Magnesit selten, meist sind es grobkörnige, faserige oder erdige Massen. Magnesit geht aus der Verwitterung von Peridotiten, Serpentiniten, Talkschiefern oder anderen metamorphen Gesteinen hervor. Aus abbauwürdigen Magnesitvorkommen wird Sintermagnesit hergestellt. Primär kommt Magnesit auch in Carbonatiten und Salzlagern vor.

DIESES HANDSTÜCK *stammt aus einer Magnesitader von Snarum (Norwegen), die grünen Lizarditserpentin durchzieht.*

AUSSCHNITT

GRUPPE: *Carbonate*
KRISTALLSYSTEM: *trigonal*
SPALTBARKEIT/BRUCH: *vollkommen nach dem Rhomboeder/muschelig*
GLANZ/STRICH: *Glasglanz/weiß*
HÄRTE/DICHTE: *3,5–4,5/3*
HAUPTMERKMALE: *Reagiert nicht mit kalter verdünnter HCl.*

GRÜNE BELÄGE *aus Uwarowit kennzeichnen diese Chromerzvorkommen im Ural (Russland).*

Uwarowit

$Ca_3Cr_2(SiO_4)_3$

Uwarowit ist ein Calcium-Chrom-Granat von smaragdgrüner Farbe. Seine Kristalle sind dodekaedrisch, trapezoedrisch oder kommen in derben bzw. körnigen Aggregaten vor. Uwarowit entsteht durch hydrothermale Umwandlung chromreicher Serpentingesteine, findet sich aber auch in Skarn und metamorphisierten Kalksteinen des Urals (Russland) und bei Outokumpo (Finnland). Für Schmucksteine sind die Kristalle meist zu klein.

GRUPPE: *Inselsilikate (Granatgruppe)*
KRISTALLSYSTEM: *kubisch*
SPALTBARKEIT/BRUCH: *keine/uneben bis muschelig*
GLANZ/STRICH: *Glasglanz/weiß*
HÄRTE/DICHTE: *6,5–7/3,77–3,81*
HAUPTMERKMALE: *kleine, lebhaft grün gefärbte Kristalle in chromreichen Gesteinen*

EDELSTEINQUALITÄT *haben die Benitoite aus der Dallas-Edelsteinmine in der Diablo Range in Kalifornien (USA).*

Benitoit

$BaTiSi_3O_9$

Dieses seltene Edelsteinmineral ist gewöhnlich saphirblau, kann aber farblos, weiß oder rosa sein. Die Kristalle sind tafelig oder dipyramidal, oder sie bilden sternförmige Zwillinge. Fast aller Benitoit kommt aus Kalifornien. Hier verbergen sie sich in Natrolithadern, die einen Glaukophanschiefer innerhalb eines großen Serpentinkörpers durchschlagen.

BENITOIT-EDELSTEIN

GRUPPE: *Ringsilikate*
KRISTALLSYSTEM: *hexagonal*
SPALTBARKEIT/BRUCH: *schlecht/muschelig*
GLANZ/STRICH: *Glasglanz/weiß*
HÄRTE/DICHTE: *6–6,5/3,65*
HAUPTMERKMALE: *weicher als Saphir (S. 147), ungewöhnliche Dreiecksform der Kristalle; fluoresziert unter UV-Licht blau*

Andalusit

Al_2SiO_5

Die Kristalle sind prismatisch, quadratisch im Querschnitt und cremigweiß, rosa, bräunlich oder grau in der Farbe. Andalusit kann säulig oder massig sein, am bekanntesten ist jedoch die Form Chiastolith mit kreuzförmig eingewachsener kohliger Substanz. Andalusit zeigt den gleichen Chemismus wie Sillimanit und Disthen und bildet sich in niedrigmetamorphen Gesteinen wie Tonschiefern und Schiefern, selten in Graniten und Pegmatiten.

IN DIESEM *Fleckschiefer bei Threlkeld in Cumbria (England) befinden sich Chiastolithe.*

CHIASTOLITH

GRUPPE: *Inselsilikate*
KRISTALLSYSTEM: *orthorhombisch*
SPALTBARKEIT/BRUCH: *gut/uneben*
GLANZ/STRICH: *Glasglanz/weiß*
HÄRTE/DICHTE: *6,5–7,5/3,13–3,16*
HAUPTMERKMALE: *Prismen mit quadratischem Querschnitt; Chiastolith mit dunklem Einschlusskreuz*

Klinozoisit

$Ca_2Al_3Si_3O_{12}(OH)$

Die Kristalle sind prismatisch und gestreift oder aggregieren zu körnigen, faserigen oder derben Massen. Klinozoisit ist häufig blassgelb, rosa oder rot, aber auch farblos, grau oder grün. Vorkommen in niedrig- bis mittelgradigen regionalmetamorphen Gesteinen sowie in kontaktmetamorphen und metasomatisch veränderten calciumreichen Sedimenten.

KLINOZOISIT *ist typisch für Gesteine kollidierter Krustenplatten wie z.B. den Alpen.*

GRUPPE: *Gruppensilikate*
KRISTALLSYSTEM: *monoklin*
SPALTBARKEIT/BRUCH: *vollkommen/uneben*
GLANZ/STRICH: *Glasglanz/grauweiß*
HÄRTE/DICHTE: *6,5/3,21–3,38*
HAUPTMERKMALE: *Manche Kristalle sind als chemisch gleicher Zoisit (S. 206) ausgebildet, was aber selten zu sehen ist.*

TANSANIA *ist die Heimat des blauen Tansanits und des hellgrünen Chromzoisits.*

Zoisit

$Ca_2Al_3Si_3O_{12}(OH)$

Meistens ist Zoisit grau, weiß, hellbraun oder grünlich grau. Man findet ihn in Form stark gestreifter Prismen, verstreuter Körner und stängeliger oder derber Aggregate. Zoisit ist typisch für mittelgradige Schiefer, Gneise und Amphibolite, die durch Metamorphose kalkreicher Gesteine entstanden sind, sowie in Eklogiten. Eine Edelsteinvarietät, die 1967 in den Merelani-Hügeln Tansanias entdeckt wurde, ist der lilablaue Tansanit. Auch aus Tansania stammt ein Zoisit-Amphibolit, der Rubine sowie schwarze Hornblende in einer chromhaltigen hellgrünen Zoisitmatrix enthält.

AUSSCHNITT

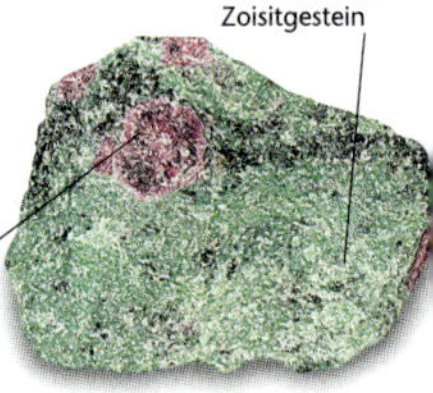

CHROMZOISIT

THULIT-CABOCHON

TANSANIT

EDELSTEIN

GRUPPE: *Gruppensilikate*
KRISTALLSYSTEM: *orthorhombisch*
SPALTBARKEIT/BRUCH: *vollkommen/uneben, muschelig*
GLANZ/STRICH: *Glasglanz/weiß*
HÄRTE/DICHTE: *6–7/3,15–3,36*
HAUPTMERKMALE: *Wie bei Klinozoisit (S. 205) sind die beiden Polymorphe selten zu sehen.*

ANMERKUNG

Manganreicher Thulit ist die rosa gefleckte Halbedelstein-Varietät des Zoisits. Der von 1823 stammende Name bezieht sich auf die Bezeichnung »Thule« für Nordeuropa. Zuerst entdeckt in Telemark, ist es der »Nationalstein« von Norwegen. Die typische Schliffform des Thulits ist der Cabochon.

Chloritoid

$(Fe^{2+},Mg,Mn)_2Al_4Si_2O_{10}(OH)_4$

CHLORITOID *ist häufig in den Tonschiefern rund um Tintagel (England) anzutreffen.*

Chloritoid sieht eigentlich aus wie Chlorit. Die Kristalle erscheinen hexagonal und bilden rosettenförmige Cluster, häufiger sind jedoch Einzelschuppen sowie blättrige oder derbe Aggregate. Farblich dominieren dunkelgraue, grünlich graue und schwarzgrüne Töne. Chloritoid ist in niedrig- bis mittelgradigen, regionalmetamorphen Gesteinen wie Glimmerschiefer und Phyllit zu finden, weniger in hydrothermalen Gängen und hydrothermal veränderten Laven und anderen Gesteinen.

GRUPPE: *Schichtsilikate*
KRISTALLSYSTEM: *monoklin, triklin*
SPALTBARKEIT/BRUCH: *vollkommen/splitterig*
GLANZ/STRICH: *Perlmuttglanz auf Spaltflächen/weiß, grünlich, grau*
HÄRTE/DICHTE: *6,5/3,46–3,80*
HAUPTMERKMALE: *splitterig, spröde, nicht biegsam; härter als Klinochlor (S. 198)*

Almandin

$Fe_3^{2+}Al_2(SiO_4)_3$

ALMANDIN *zusammen mit Cyanit in einem grobkörnigen Gneis aus dem Namaqualand (Südfrika).*

Dieser Eisen-Aluminium-Granat ist dunkelrot, mit einem Hauch rosa oder violett, manchmal auch fast schwarz. Die Kristalle haben häufig schön ausgeformte Flächen und zeigen dann dodekaedrische, trapezoedrische und komplexe Formen. Auch derbe Aggregate und Rundkörner kommen vor. Almandin ist der bekannteste aller Granate und findet sich in Glimmerschiefern und Gneisen, Hornfelsen, Graniten, Eklogiten und detritisch in Sedimenten.

AUSSCHNITT

GRUPPE: *Inselsilikate (Granatgruppe)*
KRISTALLSYSTEM: *kubisch*
SPALTBARKEIT/BRUCH: *keine/schwach muschelig*
GLANZ/STRICH: *Glas-, Harzglanz/weiß*
HÄRTE/DICHTE: *7–7,5/4,31*
HAUPTMERKMALE: *rosa bis rote Dodekaeder- oder Trapezoederkristalle*

ALMANDIN-EDELSTEIN

STAUROLITH *tritt oft zusammen mit Disthen auf, wie in diesem Muskovitschiefer am Sankt Gotthard (Schweiz).*

Staurolith

$(Fe,Mg,Zn)_{3-4}(Al,Fe)_{18}(Si,Al)_8O_{48}H_{2-4}$

Staurolith ist rotbraun, gelbbraun oder fast schwarz. In der Regel kristallisiert er in Prismen, die eine hexagonale oder diamantene Querschnittsform aufweisen und oft oberflächenrau sind. Durchkreuzungszwillinge sind häufig. Vorkommen in mittelgradigen Schiefern und Gneisen, die aus der Regionalmetamorphose toniger Gesteine hervorgingen.

GRUPPE: *Inselsilikate*
KRISTALLSYSTEM: *monoklin*
SPALTBARKEIT/BRUCH: *deutlich/schwach muschelig*
GLANZ/STRICH: *Glasglanz, matt/hellgrau*
HÄRTE/DICHTE: *7–7,5/3,74–3,83*
HAUPTMERKMALE: *Durchkreuzungszwillinge*

DIE ERSTEN *beschriebenen Cyanite stammten aus dem Zillertal (Zentralalpen, Tirol).*

Cyanit *Disthen*

Al_2SiO_5

Cyanit ist gewöhnlich blau, weiß und grün; diese Farben treten im Allgemeinen am Einzelkristall in Mischung oder abgestuft auf. Die länglichen, flachen, klingenförmigen Kristalle sind oft gebogen. Die Härte ist quer zum Kristall größer als in Längsrichtung. Cyanit bildet sich in einem Temperaturbereich zwischen dem von Andalusit und Sillimanit, seinen polymorphen Äquivalenten. Vorkommen in Glimmerschiefern, Gneisen, Quarzgängen und Pegmatiten.

GRUPPE: *Inselsilikate*
KRISTALLSYSTEM: *triklin*
SPALTBARKEIT/BRUCH: *längs vollkommen, quer dazu deutlich/splitterig*
GLANZ/STRICH: *Glas-, Perlmuttglanz/farblos*
HÄRTE/DICHTE: *5,5 längs, 7 quer zum Kristall/3,53–3,65*
HAUPTMERKMALE: *klingenförmig, blaue Farbe*

Cordierit *Dichroit, Iolith*

$Mg_2Al_4Si_5O_{18}$

VIOLETTER *Cordierit mit violettblauem/hellblauem/gelbem Pleochroismus in einem Gneis aus Südafrika.*

Cordierit ist blau, violett, grau oder braun und zeigt Pleochroismus (verschiedene Farben unter wechselndem Blickwinkel) Die Kristalle sind kurzprismatisch, meist aber körnig oder derb. Überwiegend in metamorphen, jedoch auch in kontaktmetamorphen Gesteinen sowie als detritische Körner in Sedimenten zu finden.

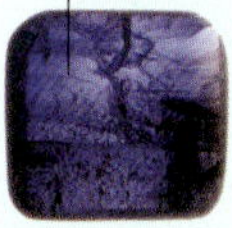

EDELSTEIN-FORM

GRUPPE: *Ringsilikate*
KRISTALLSYSTEM: *orthorhombisch*
SPALTBARKEIT/BRUCH: *deutlich/muschelig*
GLANZ/STRICH: *Glasglanz/farblos*
HÄRTE/DICHTE: *7–7,5/2,60–2,66*
HAUPTMERKMALE: *Pleochroismus; ähnlich blauem Quarz, zeigt aber deutliche Spaltbarkeit*

Sillimanit

Al_2SiO_5

SILLIMANIT *ist das offizielle Mineral des Staates Delaware (USA) und kommt dort in der Gegend von Brandywine Springs Park vor.*

Sillimanit ist meist farblos, weiß oder grau, manchmal ist er auch leicht getönt. Er kristallisiert in Prismen, gestreiften Nadeln mit quadratischem Querschnitt oder in faserigen Massen. Sillimanit ist die polymorphe Hochtemperaturform von Al_2SiO_5 und bildet sich unter hochmetamorphen Bedingungen aus aluminiumreichen Gesteinen. Man findet ihn in Hornfelsen, Sillimanitschiefern, und Gneisen sowie in detritischen Erosionsprodukten dieser Gesteine.

GRUPPE: *Inselsilikate*
KRISTALLSYSTEM: *orthorhombisch*
SPALTBARKEIT/BRUCH: *vollkommen/uneben*
GLANZ/STRICH: *Glas-, Seidenglanz/farblos*
HÄRTE/DICHTE: *6,5–7,5/3,23–3,24*
HAUPTMERKMALE: *weiße Kristallprismen in hochmetamorphen Gesteinen, die keine radialstrahligen Aggregate ausbilden*

SCHÖNE AXINITE *stecken im Skarn bei Saint Just bei Land's End (Cornwall, England).*

Axinit

Ferro-Axinit: $Ca_2Fe^{2+}Al_2BO(OH)(Si_2O_7)_2$

Der Name Axinit meint eigentlich den Ferro-Axinit, neben Mangan- und Magnesium-Axinit. Alle haben abgeflachte, axtförmige Kristalle, treten aber auch körnig oder massig auf. Axinite sind typischerweise zimtbraun sowie grau, rosa, blau oder – im Mangan-Axinit – gelb. Sie kommen in regional- und kontaktmetamorphen Gesteinen, in Skarn und auf alpinen Klüften vor.

GRUPPE: *Ringsilikate*
KRISTALLSYSTEM: *triklin*
SPALTBARKEIT/BRUCH: *gut/uneben bis muschelig*
GLANZ/STRICH: *Glasglanz/weiß*
HÄRTE/DICHTE: *6,5–7/3,18–3,31*
HAUPTMERKMALE: *axtförmige Kristalle, typischerweise zimtbraun*

VESUVIANKRISTALLE *findet man in Kalksteinblöcken, die vom Vesuv bei Neapel (Italien) ausgeschleudert worden sind.*

Vesuvian *Idokras*

$Ca_{19}(Al,Mg,Fe)_{13}Si_{18}O_{68}(OH,O,F)_{10}$

Vesuvian kristallisiert in kurzen Prismen und Dipyramiden sowie säuligen, körnigen und derben Aggregaten. Die häufigsten Farben sind gelb, grün und braun, während die kupferhaltige Varietät Cyprin grünlich blau ist. In der Regel findet man ihn in kontaktmetamorphen, unreinen Kalksteinen und Skarn sowie in Serpentiniten und manchen Magmatiten.

CYPRIN

GRUPPE: *Gruppensilikate*
KRISTALLSYSTEM: *tetragonal*
SPALTBARKEIT/BRUCH: *schlecht/uneben bis schwach muschelig*
GLANZ/STRICH: *Glas-, Harzglanz/weiß*
HÄRTE/DICHTE: *6–7/3,32–3,43*
HAUPTMERKMALE: *Form, Härte*

Andradit

$Ca_3Fe^{3+}_2(SiO_4)_3$

Andradit ist ein Calcium-Eisen-Granat, der, wie andere Granate, dodekaedrische und trapezoedrische Kristalle oder körnige oder derbe Aggregate bildet. Seine Farbe wechselt stark: titanhaltiger Melanit ist schwarz und kommt in Alkalimagmatiten vor; Topazolith ist honiggelb und findet sich in Chloritschiefern und Serpentiniten; Demantoid, der aus Serpentiniten des Urals kommt, enthält Spuren von Chrom, die ihn hellgrün färben. Andere Farbtöne sind gelb, grün, braun und rotbraun. Die meisten Andradite treten in kontakt- oder regionalmetamorph veränderten Kalksteinen auf.

SERPENTINITE *am Fuß des Matterhorns (Schweiz) sind bekannt für Andraditvorkommen.*

TOPAZOLITH-EDELSTEIN

DEMANTOID-EDELSTEIN

MELANIT

TOPAZOLITH

GRUPPE: *Inselsilikate (Granatgruppe)*
KRISTALLSYSTEM: *kubisch*
SPALTBARKEIT/BRUCH: *keine/uneben bis muschelig*
GLANZ/STRICH: *Diamant-, Harzglanz; matt/weiß*
HÄRTE/DICHTE: *6,5–7/3,8*
HAUPTMERKMALE: *Kristallform und -farbe*

ANMERKUNG

Granate sind selten chemisch rein. Pyrop, Almandin und Spessartin gehören zur Pyralspit-Gruppe (Mg,Fe,Mn–Al-Granate), Uwarowit, Grossular und Andradit zur Ugrandit-Gruppe (Al,Fe,Cr–Ca-Granate). Chemische Mischbarkeit gibt es nur in der Gruppe, d.h. Andradit enthält stets auch etwas Aluminium und Chrom.

KLINOCHLOR, *ein Chloritmineral, begleitet wie hier im Bild häufig die Grossularvarietät Hessonit.*

Grossular

$Ca_3Al_2(SiO_4)_3$

Grossular ist ein Calcium-Aluminium-Granat. Der Name bedeutet im Griechischen »Stachelbeere« und spielt auf die rundlichen Dodekaeder- oder Trapezoederkristalle an, die meist gelb, honiggelb oder grün sind. Orangebraune Farben sind dem Hessonit oder »Zimtstein« eigen, der vorwiegend in Sri Lanka, Kanada oder Italien beheimatet ist. Aus Ostafrika kommt der smaragdgrüne Tsavolith. Grossular tritt daneben auch körnig oder derb auf. Vorkommen in unreinen Kalksteinen, die kontakt- oder regionalmetamorph verändert worden sind.

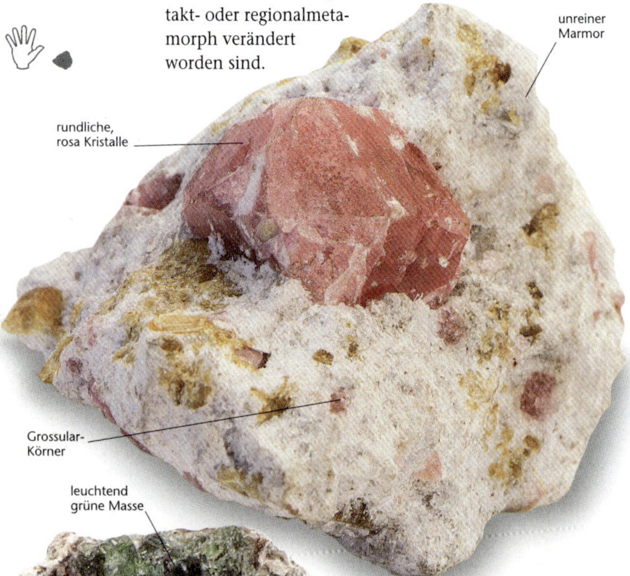

TSAVOLITH

TSAVOLITH-EDELSTEIN

HESSONIT-EDELSTEIN

HESSONIT

ANMERKUNG

Tsavolith wurde 1967 in Tansania erstmals entdeckt. Die Fundstätte zog sich über die Grenze bis nach Kenia, wo das Mineral im Tsavo-Nationalpark geschürft wurde. Auch in Madagaskar und Pakistan sind Funde gemacht worden. Die intensive grüne Farbe geht auf Spuren von Chrom und Vanadium zurück.

GRUPPE: *Inselsilikate (Granatgruppe)*
KRISTALLSYSTEM: *kubisch*
SPALTBARKEIT/BRUCH: *keine/uneben oder muschelig*
GLANZ/STRICH: *Diamant-, Harzglanz/weiß*
HÄRTE/DICHTE: *6,5–7/3,59*
HAUPTMERKMALE: *dodekaedrische oder trapezoedrische Kristallform*

DIESE TYPISCHE *Skarnmineralisation zeigt grünen Diopsid mit Calcit und Biotit und kommt aus Ontario (Kanada).*

Diopsid

$CaMgSi_2O_6$

Dieser Klinopyroxen ist gewöhnlich farblos, grün, braun oder grau. Manganhaltiger Violan ist blauviolett; lebhaft grünen und chromhaltigen Diopsid nennt man Chromdiopsid. Die prismatischen Kristalle haben quadratischen Querschnitt, die auch säulige, lamellare, körnige oder derbe Aggregate bilden können. Meistens findet sich Diopsid in metamorphen Gesteinen wie Marmor, Hornfels, Schiefer, Gneis und Skarn, darüber hinaus in Peridotiten, Kimberliten und anderen Magmatiten.

AUSSCHNITT

VIOLAN

CHROMDIOPSID

GRUPPE: *Kettensilikate (Pyroxengruppe)*
KRISTALLSYSTEM: *monoklin*
SPALTBARKEIT/BRUCH: *deutlich, Spaltwinkel 88°/uneben bis muschelig*
GLANZ/STRICH: *Glasglanz, matt/weiß, grau, graugrün*
HÄRTE/DICHTE: *5,5–6,5/3,22–3,38*
HAUPTMERKMALE: *helle Farbe, Spaltwinkel*

STERNDIOPSID

ANMERKUNG

Sterndiopside zeigen bei Lichtdurchgang einen vierstrahligen Lichtsterneffekt. Man spricht dann von Asterismus.

MANHATTAN *im Bundesstaat New York (USA) ist bekannt für sein Vorkommen an Dravit.*

Dravit

$NaMg_3Al_6(BO_3)Si_6O_{18}(OH)_4$

Dravit ist ein Natrium-Magnesium-Mineral aus der Turmalin-Gruppe. Er ist im Allgemeinen braun, schwarz, rotbraun oder grün. Die Kristalle sind prismatisch und dreieckig im Querschnitt mit abgerundeten und unterschiedlich ausgeformten Ecken. Auch körnige und derbe Massen sind üblich. Dravit kommt meist in metamorph umgewandelten Kalksteinen vor, selten dagegen in Pegmatiten.

GRUPPE: *Ringsilikate (Turmalingruppe)*
KRISTALLSYSTEM: *trigonal*
SPALTBARKEIT/BRUCH: *keine/uneben bis muschelig*
GLANZ/STRICH: *Glas-, Harzglanz, matt/weiß bis hellbraun*
HÄRTE/DICHTE: *7/3,03–3,18*
HAUPTMERKMALE: *braun, keine Spaltbarkeit*

SCHÖNE *Wollastonitkristalle befinden sich in kontaktmetamorphen Kalksteinauswürflingen des Monte Somma-Vulkans am Vesuv (Italien).*

Wollastonit

$CaSiO_3$

Wollastonit ist weiß oder grau oder durch Verunreinigungen leicht getönt. Die Kristalle sind tafelig, klingenförmig oder faserig, kommen aber oft in körnigen, strahligen, federigen oder derben Aggregaten vor. Wollastonit bildet sich in kontaktmetamorph umgewandelten Kieselkalken oder Mergeln und Skarn, seltener in Carbonatiten und Alkalimagmatiten.

GRUPPE: *Kettensilikate*
KRISTALLSYSTEM: *monoklin, triklin*
SPALTBARKEIT/BRUCH: *gut bis vollkommen, Spaltwinkel 88°/uneben*
GLANZ/STRICH: *Glasglanz, auf Spaltflächen Perlmuttglanz/weiß*
HÄRTE/DICHTE: *4,5–5/2,86–3,09*
HAUPTMERKMALE: *Spaltbarkeit wie Pyroxen*

Lasurit *Lazurit, Lapislazuli*

$(Na,Ca)_8Al_6Si_6O_{24}(SO_4),S,Cl,(OH)_2$

Schon seit dem Altertum ist Lasurit wegen seiner außergewöhnlichen Blaufärbung ein hoch geschätzter Edelstein, bekannt unter dem Namen Lapislazuli. Lasurit gehört zur Gruppe der Feldspatvertreter. Er ist stets tiefblau, und zerrieben diente er den Künstlern als blaues Farbpigment Ultramarin. Meistens tritt Lazurit massig und in Körnern auf; einzelne Kristalle – gewöhnlich Dodekaeder – sind dagegen Raritäten. Lazurit bildet sich durch Kontaktmetamorphose von Kalksteinen. Im Glücksfall ist das Gestein mit Pyrit gesprenkelt, normalerweise sind Calcit und andere Feldspatvertreter zugegen.

DAS HOCHGEBIRGE *von Badachschan (Afghanistan) ist seit Jahrtausenden Quelle für herrliche Lapislazuli.*

ULTRAMARIN

LAPISLAZULI-CABOCHONS

AUSSCHNITT

POLIERTER LAPISLAZULI

DERBER LAPISLAZULI

ANMERKUNG

Die wertvollsten Lapislazuli kommen aus der afghanischen Provinz Badachschan; viele der in altem Schmuck verarbeiteten Steine, die Persien zugeschrieben wurden, stammen dorther. Sie wurden zwar in Persien gehandelt, nicht aber abgebaut. Weitere Fundorte befinden sich in den USA, Chile und Russland.

GRUPPE: *Gerüstsilikate*
KRISTALLSYSTEM: *kubisch*
SPALTBARKEIT/BRUCH: *unvollkommen/uneben*
GLANZ/STRICH: *Glasglanz, matt/hellblau*
HÄRTE/DICHTE: *5–5,5/2,38–2,45*
HAUPTMERKMALE: *hellblauer Strich; reagiert nicht mit verdünnter HCl.*

Skapolith

$3NaAlSi_3O_8.NaCl - 3CaAl_2Si_2O_8.CaCO_3$

DIESER AUFSCHLUSS *in Mavuradonha (Simbabwe) enthält Skapolith.*

Die Skapolith-Mischungsreihe besteht aus den beiden Endgliedern Marialith, der Natriumchlorid, und Mejonit, der Calciumcarbonat enthält. Die Kristalle sind prismatisch und weisen abgeflachte Pyramidenspitzen auf oder bilden derbe bzw. körnige Aggregate. Sie sind farblos, weiß, grau, gelb, grün, rosa usw. Skapolith findet sich in regionalmetamorphen Gesteinen, Skarn, umgewandelten basischen und ultrabasischen Magmatiten sowie in Sedimenten aus Vulkangebieten.

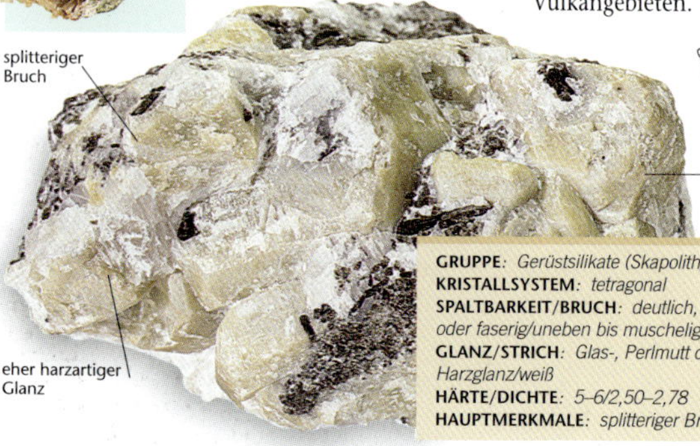

GRUPPE: *Gerüstsilikate (Skapolithgruppe)*
KRISTALLSYSTEM: *tetragonal*
SPALTBARKEIT/BRUCH: *deutlich, splitterig oder faserig/uneben bis muschelig*
GLANZ/STRICH: *Glas-, Perlmutt oder Harzglanz/weiß*
HÄRTE/DICHTE: *5–6/2,50–2,78*
HAUPTMERKMALE: *splitteriger Bruch*

Graphit

C

DER IN *Borrowdale (Lake District, England) geförderte Graphit wird zum „Blei" in den Bleistiften verarbeitet.*

Graphit besteht wie Diamant aus reinem Kohlenstoff, hat jedoch andere physikalische Eigenschaften. Er ist sehr weich, opak, dunkelgrau oder schwarz; man findet ihn meist in Form von Körnern sowie schuppigen, blättrigen, tafeligen oder derben Aggregaten. Die Kristalle sind hexagonal und plattig und tragen manchmal Dreiecksstreifung. Graphit bildet sich bei der Metamorphose kohlenstoffhaltiger Sedimente und tritt in Schiefern und Marmoren auf.

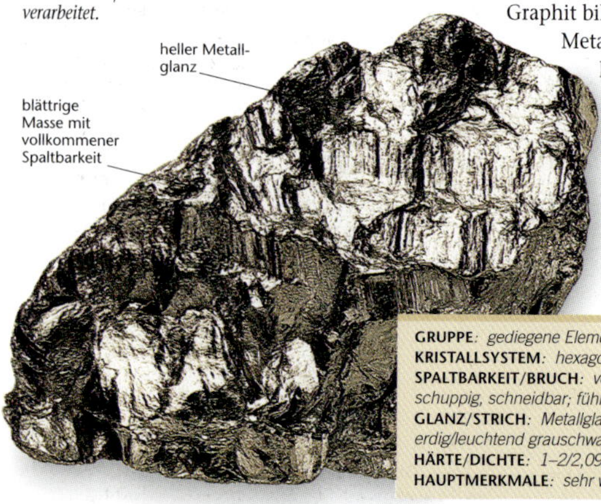

GRUPPE: *gediegene Elemente*
KRISTALLSYSTEM: *hexagonal*
SPALTBARKEIT/BRUCH: *vollkommen/schuppig, schneidbar; fühlt sich fettig an*
GLANZ/STRICH: *Metallglanz, matt, erdig/leuchtend grauschwarz*
HÄRTE/DICHTE: *1–2/2,09–2,23*
HAUPTMERKMALE: *sehr weich; fettig*

Glossar

Zur Illustration und näheren Erklärung vieler in diesem Glossar beschriebener Begriffe sei auf die Einführungskapitel (S. 8–19) verwiesen. Wörter in *kursiv* sind an anderer Stelle des Glossars definiert.

ABSONDERUNG Angedeutete Fläche mit der Tendenz zu spalten, jedoch keine Spaltfläche. Durch Bruch oder Zwillingsbildung hervorgerufen.

ALKALIGESTEINE Klasse magmatischer Gesteine mit kalium- und natriumreichen Mineralen, z.B. Syenit und Phonolith.

ALPINE KLÜFTE Niedrigtemperierte *Hydrothermal*gänge, die typisch für die Alpen sind; sie enthalten charakteristische Mineralgesellschaften.

ALUMOSILIKAT Mineral, das zu gleichen Teilen Aluminium und Silicium enthält.

AMPHIBOLE KOMPLEXE Gruppe von mindestens 65 gesteinsbildenden Silikaten oder *Alumosilikaten*; typisch sind längliche Kristallformen.

ASTERIMUS Sternförmiges Lichtspiel, hervorgerufen durch mikroskopisch angeordnete Kristalleinschlüsse; am besten an *Cabochons* zu sehen.

BASISCHE GESTEINE Klasse magmatischer Gesteine mit niedrigem Kieselsäure (SiO_2)-Anteil, z.B. Basalt und Gabbro.

BRUCH bei Gesteinen: Zerbrechen von Gesteinskörpern im Zuge von Krustenbewegungen; bei Mineralen: Art der Bruchfläche eines Minerals, die nichts mit *Spaltbarkeit* oder *Absonderung* zu tun hat.

CABOCHON Edelstein-Glattschliff mit gerundeter, polierter Oberfläche.

CHLORITE Gruppe von neun wasserhaltigen *Alumosilikaten* von schichtförmiger Struktur und vollkommener *Spaltbarkeit*; meist magnesium- und/oder eisenhaltig.

DEFORMATION Spannung, Verformung oder Bruch von Gesteinen während tektonischer Bewegungen der Erde.

DENDRITISCH Verästelte Struktur.

DERB ohne ausgeprägte Kristallformen.

DETRITUS Sedimentart, die von Wind oder Wasser abgelagert wurde.

DIAMANTGLANZ Hochglänzend und strahlend wie Diamant.

EINSPRENGLING Großer Kristall in einer feinkörnigen Grundmasse (= *porphyrische* Struktur).

EISERNER HUT Eisenreicher Restbestand in der obersten Kappe eines Erzkörpers, nachdem das Erz dort durch Sickerwasser ausgelaugt worden ist.

ENDFLÄCHE Fläche am Ende eines Kristalls.

ENTGLASUNG Umwandlung von Gesteinsglas zu kristallinem Material (Mineral).

ERZ Ein Mineral oder Gestein, das Metall enthält. Erzansammlungen werden oft zum Zwecke der Rohstoffgewinnung abgebaut.

EXTRUSIVGESTEINE s. *Vulkanite*

FALTUNG Verbiegung von Gesteinsschichten oder ganzen Gesteinskörpern.

FELDSPATE Gruppe von 16 Silikatmineralen oder *Alumosilikaten*; die wichtigsten enthalten Calcium bzw. Natrium (= Plagioklase) oder Kalium (Kalifeldspat). Sie sind die Hauptbestandteile vieler Gesteine.

FELDSPATVERTRETER (Foide) *Alumosilikate*, die in SiO_2-armen Gesteinen die Feldspate vertreten. Kommen nie zusammen mit Quarz vor.

FLIESSTEXTUR Gefüge in Vulkangesteinen, die das Fließen der Lava kurz vor dem Erstarren festgehalten hat.

FLUORESZENZ Eigenschaft bestimmter Minerale, unter UV-Licht- oder anderer Bestrahlung in einer Farbe zu leuchten (zu fluoreszieren). Geht auf minimale Verunreinigungen zurück.

FLUSSMITTEL Substanz zur Senkung des Schmelzpunktes eines Erzes und zur Entfernung von Verunreinigungen.

GANG (Dyke) Mit Mineralen verfüllte Gesteinskluft in Form einer kleinen *Intrusion*.

GANGART, Ganggestein Minerale, die in einem Gang neben dem Erz das wertlose (»taube«) Gestein bilden.

GLEICHKÖRNIG Gestein mit etwa gleich großen Mineralkörnern.

GLEICHMÄSSIG KÖRNIG Kristall mit etwa gleich großen Flächen.

GLIMMER Gruppe von 41 gesteinsbildenden Alumosilikaten von schichtartiger Struktur und vollkommener Spaltbarkeit (»Glimmer-Spaltbarkeit«).

GRADIERTE SCHICHTUNG Form einer *Schichtung*, bei der die größten Körner unten liegen, während die Korngrößen nach oben hin übergangslos kleiner werden.

GRANATE Gruppe von 15 Silikaten mit kubischer Symmetrie und dodekaedrischer oder trapezoedrischer Kristallform.

GRUNDMASSE Der feinkörnige Anteil in einem magmatischen Gestein, in den gröberkörnige Kristalle eingebettet sind.

HOCHGRADIG Metamorphe Gesteine, die bei sehr hohen Drücken und Temperaturen gebildet werden.

HYDROTHERMAL Art eines Vorgangs, bei dem Minerale aus einer zirkulierenden, sehr heißen mineralreichen Lösung ausfallen.

INTERMEDIÄRE GESTEINE Klasse magmatischer Gesteine, die chemisch zwischen sauren und basischen Gesteinen einzuordnen ist.

INTRUSIVGESTEINE s. *Plutonite*

KARBON Geologische Periode von 299 bis 359,2 Mill. Jahren vor heute; auch »Steinkohlenzeit« wegen weltweiter Kohlebildungen.

KLAST, KLASTISCH (*Adjektiv*) Ein Sedimentkorn, gewöhnlich größer als die in der ihn umgebenden Matrix.

KREIDE Geologische Periode von 65,5 bis 145,5 Mill. Jahren vor heute; typisches Gestein ist der Kreidekalk.

LAMELLAR, LAMELLIG In dünnen, flachen Lagen vorliegend.

MAGMA Geschmolzen vorliegendes Gestein, Ausgangsmaterial der magmatischen Gesteine (Magmatite).

MASSIG Gesteinstextur (Gefüge) mit geringem Formenschatz..

MATRIX bei Gesteinen: feiner Kornanteil in Sedimenten mit eingebetteten groben Körnern; bei Mineralen: Unterlage, auf der Kristalle aufgewachsen sind.

METASOMATOSE Art der Gesteinsumwandlung, bei der neues Material in Form heißer Lösungen von außen an ein Gestein herangeführt wird und es verändert; z.B. heiße Gase oder Lösungen eines nahen Magmakörpers.

MISCHKRISTALLREIHE Meist lückenlose Reihe chemischer Verbindungen (hier: Minerale) zwischen zwei Endgliedern, beispielsweise die Plagioklasreihe mit den Endgliedern Albit ($NaAlSi_3O_8$) und Anorthit ($CaAl_2Si_2O_8$).

MODIFIKATION eine von verschiedenen Kristallformen einer Substanz; Diamant und Graphit sind z.B. Modifikationen von Kohlenstoff.

NADELIG Form eines Bündels von Nadeln.

NIERIG An eine Niere erinnernde Kristallform.

OXIDATIONSZONE Bereich einer Erzlagerstätte oberhalb des Grundwasserspiegels, wo sauerstoffreiches Wasser die ursprünglichen Sulfide oxidiert hat und *Sekundärminerale* entstanden sind.

PLEOCHROISMUS Abhängigkeit der Mineralfarbe vom Betrachtungswinkel.

PLUTONITE (Intrusivgesteine) Magmatische Gesteine, die innerhalb der Erdkruste kristallisieren.

PORPHYRISCH Struktur in magmatischen Gesteinen, in der einzelne große Einsprenglinge in einer feinen Grundmasse verteilt sind.

PORPHYRISCHE ERZLAGERSTÄTTEN *Porphyrische* Gesteine, die fein verteilte Erzmineralkörner enthalten.

PRÄKAMBRIUM Älteste geologische Periode der Erde, älter als 542 Mill. Jahre vor heute; die meisten präkambrischen Gesteine sind metamorph.

PRIMÄRERZE Metallhaltige Gesteinskörper im Urzustand (nicht verändert durch Sicker-, Grundwasser oder chemische Lösungen).

PSEUDOMORPHOSE Ein Mineral, das chemisch ein anderes ersetzt, aber dessen ursprüngliche Form angenommen hat.

PYRITOEDRISCH Kristallform mit zwölf fünfeckigen Flächen; typisch für Pyrit.

PYROKLASTITE (pyroklastische Gesteine) Gesteine, die aus dem Auswurfmaterial von Vulkanen bestehen, z.B. Asche, Tuff.

PYROXENE Gruppe von 21 gesteinsbildenden Silikaten mit länglicher Kristallform. Klinopyroxene haben monokline, Orthopyroxene orthorhombische Symmetrie.

REZENT Aus der geologischen Gegenwart.

SAURE GESTEINE Klasse magmatischer Gesteine mit hohem Kieselsäure (SiO_2)-Anteil, z.B. Granit und Rhyolith.

SCHICHTUNG Flache Struktur in einem Sedimentgestein als Ausdruck einer gleichmäßigen Ablagerungsperiode.

SCHIEFRIGE SPALTBARKEIT Die Tendenz eines Gesteins wie Schiefer, in dünne, flache Platten zu zerbrechen.

SCHILLER Milchiges oder bläuliches Farbenspiel bei manchen Mineralen, die im Licht gedreht werden. *Cabochon*-Schliffe zeigen dies am besten.

SCHNEIDBAR Kann mit einem Messer geschnitten werden.

SCHUTTKEGEL Anhäufung von unverfestigten Gesteinstrümmern am Fuß von Berghängen, Felsklippen oder Bergbauhalden.

SCHWARZER RAUCHER *Hydrothermal* aktiver Vulkanschlot entlang mittelozeanischer Rücken am Grunde des Tiefseebodens, der metallreiche Lösungen ausstößt.

SEIFEN Wirtschaftlich interessante sedimentäre Lagerstätte, wo dichte, schwere und harte Mineralkörner sich im Sand- oder Kiesbett von Flüssen und Seen angereichert haben.

SEKUNDÄRMINERALE Minerale, die durch *Verwitterung* oder Einwirkung von Lösungen verändert worden sind. Bei Erzkörpern entstehen so neue Erzminerale.

SKALENOEDRISCH Kristallform bei trigonalen Mineralen aus zwölf unregelmäßigen Dreiecken.

SPALTBARKEIT Eigenschaft vieler Minerale, entlang einer Fläche aufgrund von schwächeren Atomgitterkräften aufzuspalten.

STREIFUNG Feine, parallel verlaufende Rillen und Kämme auf der Kristalloberfläche.

TRAUBIG Form einer Weintraube.

TURMALINE Gruppe von 11 borhaltigen Silikaten mit Ringstruktur und trigonaler Symmetrie.

ÜBERSCHIEBUNG Eine tektonische Störung in der Erdkruste aufgrund von Krustenbewegungen; spitzer Winkel zur Horizontalen.

ÜBERZUG Belag von vielen kleinen, gut ausgeformten Mineralen auf anderen Mineralkörnern.

ULTRABASISCHE GESTEINE Klasse magmatischer Gesteine mit extrem niedrigem Kieselsäure (SiO_2)-Anteil, z.B. Dunit und Pyroxenit.

VERWITTERUNG Der chemische Zerfall der Gesteinsminerale auf oder nahe der Erdoberfläche, der mit einer Umwandlung zu neuen Sekundärmineralen einhergeht.

VESIKULAR Eigenschaft von Laven mit hohem Anteil an Gasblasenhohlräumen (Synonym: blasig).

VULKANITE (Extrusivgesteine) Magmatische Gesteine an der Erdoberfläche, die aus ausgetretenem Magma (Lava) entstanden sind.

ZEMENTATIONSZONE Teil eines Erzkörpers, in dem sich Sekundärminerale aus metallhaltigen Lösungen bilden, die aus Auslaugungsprozessen im Stockwerk darüber stammen.

ZEOLITHE Gruppe von 83 wasserhaltigen *Alumosilikaten*, die bevorzugt die Metalle Kalium, Natrium und Calcium enthalten. Verbreitet in umgewandelten oder verwitterten basischen Gesteinen.

ZERSCHERUNGSZONE Teil eines Gesteinskörpers, der entlang einer schmalen Zone zuerst gedehnt und nach dem Bruch zerschert worden ist.

ZWILLING Kristall, dem zu einem oder mehreren Teilbereichen spiegelbildliche Verdoppelungen gewachsen sind, die entlang einer Kristallfläche oder einer Spiegelebene miteinander verbunden sind.

Register

Dank

DORLING KINDERSLEY dankt David Summers, Jude Garlick und Miezan van Zal für ihre Unterstützung der Redaktion; Louise Thomas, Neil Fletcher, Georgina Garner, Kevin Walsh und Monica Price für die Bildrecherche; Bob Gordon für Grafikdesign; John Dinsdale für die Umschlaggestaltung; Adam Powley für das Umschlag-CopyEditing; Mariza O'Keeffe für das Umschlag-Editing; und Erin Richards für organisatorische Hilfe.

BILDNACHWEIS
Bildarchiv: Richard Dabb, Claire Bowers
Abkürzungen: o = oben, u = unten, m = Mitte, g = ganz, l = links, r = rechts

alamy: 204 ml. Ben Hoare: 194 ml. **Chris Gibson:** 20 mo; 22 ml; 30 ol; 32 ol; 33 mr; 34 ml; 37 mr. Colin MacFadyen: 28 ol. **Dave Waters:** 13 mu, um; 21 or; 25 or, mr; 26 mlo; 27 mlo, or; 29 or; 31 or; 34 mlo; 35 mlo; 37 mro; 46 ol; 48 ml, mru; 49 mr; 50 ol, ml; 52 ml; 53 or; 54 ml; 55 or; 56 ol, mro; 58 mru; 60 ol; 65 or; 70 ol; 73 mr; 74 ol; 75 or; 76 ol; 77 or; 78 ol; 81 mr; 82 ol; 110 ol; 140 ol; 141 or, mr; 161 or; 162 ml; 185 or; 186 ol; 197 or; 199 or; 200 ol; 209 or. **Dreamstime: Daryl Faust**: 23 or. **Earl and Maureen Verbeek**: 104 ol, ml; 126 ml. Frank de Wit: 89 mr; 92 ml; 106 ml; 107 mr; 115 or, mr; 126 ol; 152 ol, ml; 157 or; 188 ol, ml; 197 mr; 198 ol. **Jim Stuby**: 55 mr; 69 or; 135 mr; 182 ol. **Kevin Walsh**: 29 mr; 33 or; 36 ol; 45 or; 47 or, mr; 48 ol; 49 or; 51 or; 53 mr; 54 ol; 57 or; 62 ml; 64 ol; 72 ol; ml; 80 ol; 82 ml; 83 mr; 128 ol; 135 or; 138 ml; 148 ol; 155 or; 161 mr; 187 or; 192 ol; 205 or; 216 ol. **Kim Cofman**: 117 mr; 120 ml. Monica Price: 101 mr; 105 mr; 116 ml; 119 mr. **National Museum of Natural History, © 2004 Smithsonian Institution, Photographs by Chip Clark**: 92 ul; 100 mr; 102 or; 119 m; 119 ur; 120 or, 148 um; 148 ur. **National Trust**: 43 m. **Neil Fletcher**: 13 mo; 21 mur; 24 ml, mro; 25 mu; 26 mro, ul, mru; 27 ur; 28 mo; 31 ml, ml; 35 mu; 36 ul, mu; 38 ml, ul; 45 omr, mo, mu; 47 ur, ul; 48 mo; 49 ur; 51 ul; 52 mu; 54 mo, mru; 55 mo, mu; 59 ur; 62 ur; 63 mo, mor, ur; 64 mo, mol, ul; 67 mol, mor; 69 mor, mlu, mru; 71 mo, mu; 72 ul; 73 mol, mor; 74 mr; 75 mu, ul; 76 mol, mor; 82 mol, mul, ur; 83 mo, mul, mur; 84 mul; 89 mor, mul; 95 ur; 98 mur; 101 mol; 103 ml; 104 mr, ur; 110 mu; 113 mul; 117 mor; 120 mur; 121 mru; 122 ml; 128 mur; 130 um; 132 mru; 135 mur; 141 mol; 143 mur; 147 mur; 153 mol; 160 ur; 170 ur; 171 mol; 172 ul; 182 mol; 184 mor, mur; 189 ur; 190 mol, mor; 191 mlu; 197 mu; 200 ul; 202 ur; 206 mr; 211 mu; 213 um. **Oxford University Museum of Natural History: Joseph Barrett**: 124 ol; 154 ml. **Helen Cowdy:** 110 ml. **Monica Price:** 87 or; 88 ol; 90 ol, ml; 91 or; 93 ur; 96 ol; 98 ol; 100 ol; 102 ml; 108 ol; 112 ol; 114 ol; 117 or; 120 ol; 130 ol; 131 mr; 133 mr; 137 or; 140 ml; 149 mr; 151 or; 153 mr; 160 ol; 162 ol; 163 mr; 165 or; 168 ol, ml; 176 ol; 177 or; 180 ml; 184 ml; 194 ol; 196 ml; 200 ml; 202 ol; 203 mr; 212 ol; 213 or; 214 ml. **Peter Rigg:** 73 or. **R Prout:** 93 mr. **Ron Bonewitz:** 94 ml; 102 ol; 111 mr; 134 ml; 136 ml; 147 or; 169 or; 183 or. **Roy Starkey:** 44 ol; 57 mr; 58 ol, ml; 61 or; 76 ml; 86 mo; 100 ml; 163 or. **Sandesh Bhandare:** 196 ol. **Stephen Kline:** 13 ul; 24 ol; 37 or; 42 ol; 63 or; 67 mr; 68 mo; 81 or; 123 or; 172 ol. **Stock.XCHNG:** 178 ol; **Joerg Burkhardt:** 40 ml; **Oscar Dahl:** 105 or; **Steve Dorrington:** 203 or; **Hans-Günther Dreyer:** 121 or; **Dynamite:** 118 ml; **Torsten Eismann:** 159 or; **Alejandro González G.:** 211 or; **Tom Haynes:** 22 ol; **Craig Johnson:** 38 ml; **Cerys Jones:** 27 mr; **Stephan Joos:** 45 mr; **Aneta Kowalski:** 13 mru; 41 mr; **Gregor Künzli:** 64 ml; **Stephan Langdon:** 175 mr; **LL:** 146 ol; **M. Nota:** 208 ml; **Ville Pehkonen:** 177 mr; **Jim Robinson:** 35 mr; **Marcelo da Mota Silva:** 180 ol; **Moritz Speckamp:** 169 mr; **Deon Staffelbach:** 30 ml; **Stephanie Syjuco:** 36 ml; **Claire Talbot:** 207 or; **Dennis Taufenbach:** 205 mr; **Jay Thompson:** 13 mro; 26 ol; **Tim & Annette:** 24 ml; **Tuomo Tormulainen:** 204 ol; **Rob Waterhouse:** 134 ol; **Emmanuel Wuyts:** 21 mr; Binphon Yang: 122 ol. **© United States Geological Survey:** 63 mr; **Connie Hoong:** 59 or; **R.G. McGimsey:** 190 ol; **C. Nye, Alaska Division of Geological and Geophysical Surveys:** 66 ol; **U.S. Department of the Interior, U.S. Geological Survey:** 84 ol; **U.S. Department of the Interior, U.S. Geological Survey, Coastal and Marine Geology Program:** 26 ml.
© United States Geological Survey; Image courtesy Earth Science World ImageBank http://www.earthscienceworld.org/imagebank: © ASARCO: 92 ol, 99 mr, 103 or, 109 or; **© Anne Dorr, American Geological Institute:** 113 mr; **© Larry Fellows, Arizona Geological Institute:** 169 or; **© Chris Keane, American Geological Institute:** 88 ml; **© Louis Maher:** 59 mr, 138 ol; **© Cindy Martinez, American Geological Institute:** 52 ol, 174 ol; **© Thomas McGuire:** 127 or; **© Martin Miller, University of Oregon:** 175 or; **© Marcus Milling, American Geological Institute:** 109 mr; **© Bruce Molnia, Terra Photographics:** 108 ml, 176 ml; **© National Park Service:** 125 mr, 209 ml; **© Oklahoma University:** 150 ol, 173 or, 192 ml; **© United States Geological Survey:** 13 or; 28 ml; **© USGS Hawaiian Volcano Observatory:** 67 or.
Umschlagfotografien
vorn und Rücken: J.C. Revy, Science Photo Library